JN024794

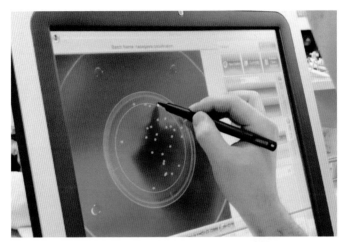

口絵1　自動コロニーカウンターでの乳酸菌数の測定（**Q7 参照**）

口絵2　研究室で作成したカマンベールチーズ（**Q13 参照**）

口絵3　デンマークの著名な発酵バター（**Q15 参照**）

口絵4　糠床（左：撹拌前，表面に産膜酵母あり。右：撹拌後）（**Q17 参照**）

口絵5　麹づくり（**Q20 参照**）

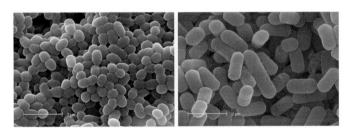

口絵6　日本酒造りで使われる乳酸菌 *Leuconostoc mesenteroides*（左）と
　　　 Lactobacillus sakei（右）（**Q20 参照**）

口絵7　SACCO社が製造・販売するチーズ製
　造用乳酸菌（**Q22参照**）

口絵8　乳酸菌を多く摂っている国が多い欧州のチーズ売り場（オランダ）
　（**Q44参照**）

みんなが知りたいシリーズ⑭

乳酸菌の疑問 50

日本乳酸菌学会　編

成山堂書店

はしがき

　乳酸菌は謎の多い微生物です。テレビや新聞で乳酸菌という言葉を見たり聞いたりしない日が無いぐらいに私たちにとって身近な微生物ですが，乳酸菌についてどれぐらい詳しい知識を私たちが持ち合わせているのか疑問です。乳酸菌はフランスのパスツールという偉大な微生物学者が発見して以来，未だ1世紀余りしか経っていないため，大腸菌や病原性の細菌に比べて，まだまだ未知の部分が多い微生物です。

　そもそも乳酸菌という菌株は存在しません。乳酸菌という名称は特定の細菌を指すのではなくて，また，分類学上の呼び名でもなく，単なる慣用的な呼び名にすぎません。以前は糖を菌体内で代謝して最終的に乳酸を生成する微生物を乳酸菌と呼んでいました。しかし，腸内細菌として有名な大腸菌でもわずかな乳酸を生成しますので，これを乳酸菌と呼ぶのは奇妙です。現在は乳酸菌の定義の一つとして，菌体内で資化された糖の50%以上が乳酸に代謝生産される細菌を乳酸菌と呼んでいます。善玉菌として有名なビフィズス菌は市井では乳酸菌と思われていますが，実はビフィズス菌は資化した糖の40%しか乳酸を生成せず，それ以上に酢酸を多く生成しますので，乳酸菌のグループには入らないわけです。

　一般に乳酸菌とされている細菌は現在，およそ30属ほどあり，発酵食品を生産する菌の多くが属するラクトバチルス属や

口腔で虫歯の原因となる菌が属するストレプトコッカス属など
はよく耳にする属の乳酸菌ですが，まだ，未知の乳酸菌が存在
する可能性があり，多くの研究者がその探索に努力しています。
私たちが何気なく乳酸菌と呼んでいる細菌ではありますが，非
常に多種多様な微生物であり，まだまだわからないことが多い
微生物であります。

　このように多彩な乳酸菌の働きについては読者の皆さんがよ
くご存知の通り，多量の乳酸を産生することによって，疾病な
どを引き起こす腸内の悪玉菌を駆逐して腸の働きを整える整腸
作用があることが知られていますが，近年はヒトの健康に大き
な貢献をする微生物であることがわかってきました。すなわち，
乳酸菌にヒトの免疫を賦活する作用やアレルギーを低減する作
用があることなどが明らかになってきました。そのために，こ
れまでの乳酸菌飲料や乳製品を製造する発酵生産菌として利用
されるばかりでなく，プロバイオティクスと呼ばれる生きたま
ま腸に届く有用な細菌として利用するために，さまざまな飲料
や食品に添加されるようになってきました。しかし，すべての
乳酸菌にこのような働きがあるわけではありません。同じ属で
同じ種の菌株でも，ある菌株には有用な作用があっても，他の
菌株にはそのような作用が全く見られないことが多々あります。
すなわち，菌株の特異性が著しく見られるのが乳酸菌の特徴で
す。したがって，すべての乳酸菌がヒトの健康維持に役立つわ
けではありません。このような菌株による特異性が乳酸菌にあ
ることは実に不思議なことで，謎でもあります。

　このようにさまざまな謎の多い乳酸菌に対する疑問を，乳酸

菌を研究している研究者だけでなく，企業で実際に乳酸菌を扱っている方々にも，できるだけわかりやすく解説してもらおうという意図で刊行されたのが本書です。乳酸菌についての基本的な疑問から乳酸菌を用いた製品についての疑問，食品に含まれる乳酸菌に対する疑問，それに最近，とりわけ興味を集めている乳酸菌の保健効果に対する疑問や乳酸菌を摂取することについての疑問など，読者の皆さんが持たれているいろいろな疑問に対してそれぞれの領域を専門とする執筆者が，それぞれの立場からお答えしています。乳酸菌についての初歩的な疑問から専門的な疑問にまで網羅的にお答えすることによって，皆さんに乳酸菌をよりよく理解していただくとともに適切な理解によって乳酸菌をより身近に感じていただきたいと強く思っています。

　本書は設立から 30 年を迎える日本乳酸菌学会の強力なバックアップによって刊行されるもので，執筆者の方々の深い知識に敬意を表するとともにご協力ご尽力に深く感謝する次第です。

　2020 年 5 月

京都大学名誉教授，石川県立大学名誉教授
第 4 代日本乳酸菌学会会長

山本　憲二

執筆者一覧 (五十音順，＊は編者)

荒川　健佑	………	Q13/Q15/Q19
五十君靜信	………	Q41
岩谷　駿	………	Q29
小野　浩	………	Q27
何　方	………	Q47
加藤　祐司	………	Q22/Q43/Q44/Q45/Q48
川井　泰	………	Q12/Q23
木下　英樹	………	Q7/Q16
木元　広実	………	Q46
佐藤　拓海	………	Q10
篠田　直	………	Q37/Q39
高橋　俊成	………	Q20
林　利哉	………	Q14
原田　岳	………	Q38
古田　吉史	………	Q17
本田　洋之	………	Q11/Q24
松下　晃子	………	Q1/Q2/Q3/Q4/Q5/Q6/Q8/Q21
宮下　美香	………	Q9
柳田　藤寿	………	Q18
＊山本　直之	………	Q25/Q26/Q28/Q30/Q31/Q32/Q33/Q34/Q35/ Q36/Q40/Q42/Q49/Q50

本文に掲載している写真で特に表記の無いものは，その項目の執筆者提供，撮影によるものです。

目　次

はしがき……………… i

執筆者一覧………… iv

Section 1　乳酸菌について

Question　1 ………………………………………………… 2

乳酸菌とはどんなもの？

Question　2 ………………………………………………… 6

乳酸菌はどうして酸っぱいの？

Question　3 ………………………………………………… 10

乳酸菌に違いはあるの？

Question　4 ………………………………………………… 13

乳酸菌の仲間はどのくらいいるの？

Question　5 ………………………………………………… 17

乳酸菌はどんなところに住んでいるの？

Question　6 ………………………………………………… 19

乳酸菌とビフィズス菌との違いは？

Question　7 ………………………………………………… 21

乳酸菌を探すのはどうやるのですか？

Question　8 ………………………………………………… 25

乳酸菌はなぜヒトの健康に役立つの？

Question　9 ………………………………………………… 29

乳酸菌はいつ頃見つかったのですか？

Question　10 ……………………………………………… 32

乳酸菌はなぜ善玉菌なのか？

Section 2　乳酸菌を使った製品

Question 11 ·· 36
乳酸菌飲料とはなに？

Question 12 ·· 39
ヨーグルトの作り方は？

Question 13 ·· 43
チーズはどうやって作るの？

Question 14 ·· 50
発酵食肉製品とは？

Question 15 ·· 54
発酵バターってなに？

Question 16 ·· 58
ヨーグルトは自分で作れるの？

Question 17 ·· 62
糠漬けと乳酸菌とは？

Question 18 ·· 66
ワインと乳酸菌？

Question 19 ·· 70
乳酸菌はなぜ牛乳が好きなの？

Question 20 ·· 74
日本酒造りに乳酸菌はどんな役割を果たすのですか？

Question 21 ·· 77
味噌や漬物にも入っているというのは本当ですか？

Section 3　食品に含まれる乳酸菌

Question 22 ·· 82
チーズに使われている乳酸菌は？

Question　23 ……………………………………………………… 86
ヨーグルトに使われている乳酸菌は何が違うのか？

Question　24 ……………………………………………………… 89
ヨーグルト以外に乳酸菌はどんな食品に含まれている？

Question　25 ……………………………………………………… 93
乳酸菌は何に多く含まれるの？

Question　26 ……………………………………………………… 96
海外の特徴的な乳酸菌発酵食品とは？

Question　27 ……………………………………………………… 100
お漬物の乳酸菌はどこからくるの？

Question　28 ……………………………………………………… 103
加工食品に含まれる乳酸菌は生きているの？

Question　29 ……………………………………………………… 106
食品の保存に乳酸菌が利用される？（バクテリオシン）

Section 4　乳酸菌の保健効果

Question　30 ……………………………………………………… 110
乳酸菌の効果は本当ですか？

Question　31 ……………………………………………………… 113
プロバイオティクスとプレバイオティクスとは？

Question　32 ……………………………………………………… 116
乳酸菌の成分によるさまざまな機能とは？

Question　33 ……………………………………………………… 119
機能性乳酸菌を用いた製品とは？

Question　34 ……………………………………………………… 122
乳酸菌の便秘改善効果とは？

Question　35 ……………………………………………………… 125
乳酸菌の免疫機能とは？

Question 36 ⋯⋯⋯⋯⋯⋯⋯⋯⋯⋯⋯⋯⋯⋯⋯⋯⋯ 128
女性向けの乳酸菌とは？

Question 37 ⋯⋯⋯⋯⋯⋯⋯⋯⋯⋯⋯⋯⋯⋯⋯⋯ 131
インフルエンザ予防に効果があるのですか？

Question 38 ⋯⋯⋯⋯⋯⋯⋯⋯⋯⋯⋯⋯⋯⋯⋯⋯ 135
花粉症に効くと言われていますが本当ですか？

Question 39 ⋯⋯⋯⋯⋯⋯⋯⋯⋯⋯⋯⋯⋯⋯⋯⋯ 139
病原菌（悪玉菌）を減らすと言われていますが？

Question 40 ⋯⋯⋯⋯⋯⋯⋯⋯⋯⋯⋯⋯⋯⋯⋯⋯ 143
乳酸菌のユニークな機能研究とは？

Section 5　乳酸菌を摂取する

Question 41 ⋯⋯⋯⋯⋯⋯⋯⋯⋯⋯⋯⋯⋯⋯⋯⋯ 148
乳酸菌はたくさん食べても安全ですか？

Question 42 ⋯⋯⋯⋯⋯⋯⋯⋯⋯⋯⋯⋯⋯⋯⋯⋯ 151
自分に合った乳酸菌をどう選べばよいの？

Question 43 ⋯⋯⋯⋯⋯⋯⋯⋯⋯⋯⋯⋯⋯⋯⋯⋯ 154
乳酸菌によってチーズの味も変わる？

Question 44 ⋯⋯⋯⋯⋯⋯⋯⋯⋯⋯⋯⋯⋯⋯⋯⋯ 159
乳酸菌を多く摂っている国は？

Question 45 ⋯⋯⋯⋯⋯⋯⋯⋯⋯⋯⋯⋯⋯⋯⋯⋯ 163
見えない乳酸菌をどう捉える？

Question 46 ⋯⋯⋯⋯⋯⋯⋯⋯⋯⋯⋯⋯⋯⋯⋯⋯ 165
乳酸菌は単菌，複合菌どっちがいいの？

Question 47 ⋯⋯⋯⋯⋯⋯⋯⋯⋯⋯⋯⋯⋯⋯⋯⋯ 168
乳酸菌は死んでいても効果があるか？

Question 48 ⋯⋯⋯⋯⋯⋯⋯⋯⋯⋯⋯⋯⋯⋯⋯⋯ 172
乳酸菌と気候風土は関係あるの？

Question 49 ……………………………………………… 177
　口腔向け乳酸菌とは？

Question 50 ……………………………………………… 180
　乳酸菌を生きて届けるための工夫とは？

あ と が き ……………………………………………… 183
索　　　引 ……………………………………………… 184
執筆者略歴 ……………………………………………… 188

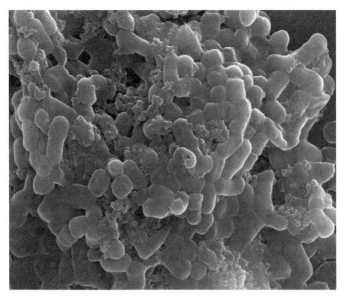

植物由来の乳酸菌：ラクトバチルス・プランタラム(*Lactobacillus plantarum*)

Section 1

乳酸菌について

乳酸菌とはどんなもの？

Answerer　松下 晃子

　乳酸菌は，2μm（1μmは1mmの1000分の1）程度の大きさで，目には見えないほど小さな生き物です。では，どのような特徴を持った生き物で，私たち人間とどのように関わってきたのでしょうか。まずは定義の話から始めましょう。乳酸菌は「糖を発酵して乳酸を産生する細菌」のことを言います。乳酸菌が発酵する糖とは，例えば，牛乳に含まれる乳糖

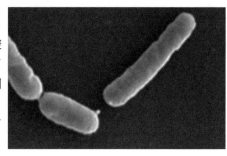

図1-1　乳酸菌の顕微鏡写真

や，果物や野菜に多く含まれるブドウ糖や果糖などで，乳酸菌は，これらの糖を取り込み，発酵という過程を通して，乳酸を作り出します。

　ただし，乳酸を作る細菌がすべて乳酸菌かというと，そうではありません。正確には，取り込んだ糖に対してどのくらいの量の乳酸を作るか，糖をはじめとして他にどのような栄養素を利用できるかというような情報や，細菌の細胞表面の構造，細菌の形，生存できる環境などのさまざまな特徴から，大腸菌，結核菌，放線菌など地球上にいる多種多様な細菌たちと区別されています。また，最近では，16S rRNAという遺伝子の配列を分析することで生物を分類することが一般的になり，乳酸菌においても16S rRNA遺伝子の違いによる分類が基盤になっています。

乳酸菌は糖を発酵して乳酸に変えることで生きるためのエネルギーを作り出しています。そのため，糖は欠かせませんが，糖の他にも菌の体を構成するアミノ酸や，代謝に関わるビタミン，ミネラルも，乳酸菌が生きる上で必須の栄養素です。そのため，乳酸菌はこれらの栄養が豊富にある乳や果汁，花の蜜，樹液，植物の根・茎・葉などに生息しています。

　乳酸菌は，古来から，有用な微生物として，人間の生活と深く結びついてきました。特に，発酵乳への利用の歴史は古く，人類が牧畜を始めた紀元前5000年頃から乳酸菌の発酵乳が自然に利用されていたと考えられています。上述の通り，乳酸菌は自然環境中に広く生息していて，乳の中でとても生育しやすい性質を持っていますので，乳を保存する過程で環境中の乳酸菌が自然に乳に混入して発酵乳が生まれたものと考えられます。世界中には，牛乳以外に，ヤギ乳，馬乳，水牛乳などさまざまな乳を発酵した特徴的な発酵乳があります。東欧のケフィア，インドのダヒ，モンゴルのクミスなど，現在もよく知られる発酵乳が各地に伝わっています。日本では，牛乳が一般的に食されるようになったのは，明治時代とされていますが，奈良時代には貴族の中で，牛乳から発酵乳にまで加工した食品とされる，酪，蘇，醍醐が珍重されていたということが記録に残っています。

　なぜ，これほどまでに発酵乳は人間の生活に定着したのでしょうか。乳酸菌で発酵乳が作られると，乳の中に乳酸が作られます。すると，乳酸の効果で，雑菌が繁殖しづらくなるため腐敗が抑えられ，発酵乳としてしばらくの期間，食することが

可能になります。もちろん，当時の人々が，その仕組みを理解して，発酵乳を作っていたわけではありませんが，食糧の安定的な確保が生死を分けるような過酷な生活の中で，乳酸菌が上手に利用されていたと考えられます。また，乳酸菌によって発酵することで，酸味が醸成され風味が豊かになります。この保存性向上とおいしさへの貢献という二つの点が，生活の中に発酵乳が定着することになった大きな理由と考えられます。

このように，古くから特に牧畜を中心とする生活を営んできた人々と，密接に関わってきた乳酸菌ですが，その存在が科学的に明らかにされたのは，近代になってからのことです。1780 年になってようやく，発酵乳の中に乳酸があることが見出されました。さらに，1857 年，フランスの科学者パスツールが，この乳酸を作り出す菌（＝乳酸菌）の存在を発見しました。

そして，1907 年に，ロシアの微生物学者メチニコフ（**図 1-2**）によって「不老長寿説」が唱えられたことをきっかけに，乳酸菌と人の健康の関係が注目されるようになりました。メチニコフは，コーカサス地方（黒海の西地域）の住民の寿命が長いことに着目し，「コーカサス地方の住民の寿命が長いのは，伝統的な発酵乳を毎日摂取しているからだ」と考え，発酵乳を摂取すること

図 1-2　ロシアの微生物学者・メチニコフ

で免疫力が高まっているのではないかと考えました。また，老化の原因を探る研究の中で，「老化は腸内腐敗により加速される」という仮説を立て，腸内腐敗を防ぐために，発酵乳の中に含まれる乳酸菌が腸内の腐敗菌の働きを抑えているものと考えました。つまり，「発酵乳を摂取すると腸内腐敗が抑制されて長寿につながる」という考え方を唱えたのです。そして，メチニコフは 1908 年に自然免疫と獲得免疫の研究でノーベル生理学・医学賞を受賞しました。

　その後，現在に至るまで，世界中の研究者たちにより，乳酸菌の健康効果に関する研究が精力的に進められています。近年では，乳酸菌の健康効果として広く知られている整腸作用の他にも，感染防御作用や，アレルギーの抑制作用，血圧調節作用など全身に及ぶ乳酸菌のさまざまな保健効果が人における試験において多く報告されています。

乳酸菌はどうして酸っぱいの？

Answerer　松下　晃子

1

乳酸菌について

　ヨーグルト，特に砂糖が入っていないプレーンヨーグルトは，特有のさわやかな酸味が感じられます。この酸味は，乳酸菌そのものの味ではなく，乳酸菌が作り出す乳酸という酸の味です。また，お店で買ってその日に食べるヨーグルトと，しばらく冷蔵庫で保存しておいたヨーグルトでは，保存しておいたヨーグルトの方が，酸味が増していることに気が付きます。これは，ヨーグルトの中で乳酸菌が生きていて，冷蔵庫の中で少しずつ乳酸を作り続けていることが原因です。

　乳酸はどのように作られるのでしょうか。牛乳の中には乳糖と呼ばれる糖が含まれています。乳糖は，グルコース（ブドウ糖）とガラクトースと呼ばれる2種類の糖が結合したもので，乳酸菌は発酵の過程で，乳糖をグルコースとガラクトースに分解します。このようにして分解された糖が乳酸菌の栄養素になり，乳酸菌の体内でさらに代謝されて，最終的に作り出されるのが乳酸です。牛乳にお酢を少量加えると，とろりとした粘りが出たり，たくさん加えると牛乳が分離したりしますが，同じように，牛乳の中で，乳酸菌によって乳酸が少しずつ作られてくると，牛乳が酸性化することで，牛乳の中のタンパク質が凝集して，とろりとした，あるいは，半固体状の発酵乳ができます。多くのヨーグルトはこのようにして作られます。

　ヨーグルトを作る時，発酵の過程で作られる乳酸は，牛乳を酸性化することと，乳酸自体の抗菌効果により雑菌を繁殖しにくくします。乳酸菌も菌の一種なので，雑菌と同様に乳酸の影響を受けそうなものですが，乳酸菌は乳酸には強く，ある程度までは乳酸があっても生育することができます。乳酸菌の中で

も，ヨーグルトを作る時に用いられる乳酸菌は，牛乳の中での生育が速く，多くの乳酸があっても生育を続けられるというヨーグルトづくりに適した特性があります。このように，ヨーグルトなどの発酵乳の中に作られる乳酸はさわやかな酸味で独特の風味を作るために重要であるばかりでなく，食品を長く保存するためにも重要な役割を果たしているのです。発酵乳は，もともと，遊牧民が貴重な栄養源である乳を長期間保存できるようにするための加工方法として発達してきた歴史があります。牧畜文化の広がりとともに，ユーラシア大陸やアフリカ大陸に伝播し，各地域で「ケフィール」（**図 2-1**）や「アイラグ」，

「クミス」などの名前で呼ばれる多様な伝統的発酵乳が作られてきました。現代は，冷蔵・冷凍設備が普及し，食品を長期間保存することが容易になりましたが，まだ，そういった設備のない時代には，

図 2-1　ケフィール

そのままでは腐りやすい乳の保存性を高めてくれる乳酸菌は人間の生活にとって，とても大きな役割を担っていたと言えます。日本では，乳を飲食するようになったのは，明治時代になってからのことですが，発酵乳以外の，例えば，漬物や，魚を発酵させたなれずしなど，さまざまな食品で，食品の腐敗を防いで

長期の保存を可能にするために，乳酸菌が作る乳酸の効果が古くから活用されてきました。

　ちなみに，乳酸菌の仲間であるビフィズス菌は，発酵中に乳酸を作るだけでなく，酢酸も作ることが知られています。酢酸は，乳酸よりも雑菌の繁殖を抑制するためには効果が強いとされていますが，ビフィズス菌は酸素が苦手な微生物で，酸素がある環境では生育することができないため，製造工程で人があえて加えたもの以外には，発酵食品などの通常の食品から見つかることはほとんどありません。

　ここまで，乳酸の食品の保存における有用性について説明してきましたが，もう一つ，乳酸が作られることによる，日本人にとっての意外なメリットのお話をします。私たち日本人の80％くらいは，牛乳を飲むと，お腹の調子が悪くなる乳糖不耐症という症状が現れやすい体質といわれていますが，その原因は，乳糖を分解できる酵素が日本人には少ないことが理由とされています。乳酸菌は，この乳糖を分解してくれるので，発酵乳になることで，お腹の不調を気にすることなく乳の豊富な栄養を摂取できるようになるという恩恵も受けているのです。

　このように，人間にとってさまざまなメリットのある乳酸ですが，乳酸菌は人間を喜ばせるために乳酸を作っているわけではありません。では，何のために乳酸菌は乳酸を作るのでしょうか。それは，乳酸菌自身が生きるのに必要なエネルギーを作り出すためです。乳酸菌が主食とする糖の一つ，ブドウ糖と，乳酸の構造を比較してみましょう。ブドウ糖は複雑な構造で，それに比べて乳酸は簡単な構造をしています（**図 2-2**）。複雑

な構造ほど，その状態を保
つのにエネルギーが必要な
ので，複雑な構造の物質
（ブドウ糖）を簡単な構造
の物質（乳酸）に分解する
ことで，不要になったエネ
ルギーが生じます。乳酸菌

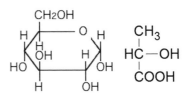

図2-2　ブドウ糖（左）と乳酸（右）の構造式

は，このエネルギーを，自身が生きるためのエネルギーとして
獲得しているのです。

　ヨーグルトが酸っぱいという事実の裏側には，乳酸菌が，私
たち人間と同じように，ごはん（糖）を食べて生きるエネル
ギーを作ろうとする姿があるというわけです。

乳酸菌に違いはあるの？

Answerer 松下 晃子

　近年，乳酸菌の健康効果が注目され，店頭にはさまざまな種類のヨーグルトや，乳酸菌入りの飲料，お菓子などが並んでいます。これらの商品をよく見てみると，アルファベットや数字，片仮名で「○○乳酸菌」と書かれていることがありますが，お気づきでしょうか。よく見かけるものをいくつか表3-1に挙げてみました。Q1で，乳酸菌の定義を「糖を発酵して乳酸を産生する細菌」と記述しましたが，"乳酸菌"という呼び方は，あくまでも生き物の特徴をざっくりと捉えた呼称で，ひとくくりに乳酸菌といっても，実は，さまざまな種類の乳酸菌がいて，その特徴ある一つ一つに，名前が付けられています。

　表3-1の菌名は，食品メーカーがお客さんに乳酸菌を覚えてもらったり，菌の特徴をわかりやすく示すために工夫して付けたあだ名のようなもので，正式に

表3-1　さまざまな名前が付けられた乳酸菌の例

菌名	主な商品カテゴリー
乳酸菌シロタ株	飲料
1073R-1 乳酸菌	飲料
ガセリ菌 SP 株	ヨーグルト
LGG 乳酸菌	ヨーグルト
L-92 乳酸菌	飲料
プレミアガセリ菌 CP2305	飲料

は，L-92乳酸菌はラクトバチルス・アシドフィルス L-92 株（*Lactobacillus acidophilus* L-92），プレミアガセリ菌 CP2305 はラクトバチルス・ガセリ CP2305 株（*Lactobacillus gassseri* CP2305）のように世界共通の命名法で定められた学名が付けられています。

　種類の異なる乳酸菌は，遺伝子レベルで見ると大小の違いが

あり，その違いは，個々の乳酸菌のさまざまな性質の違いとして現れます。乳酸菌の違いは見た目にはわかりづらいので，ヨーグルトを例に説明しましょう。乳酸菌は，乳酸を作ることを特徴としますが，乳酸を非常にたくさん作る乳酸菌と，そうでない乳酸菌がいます。この２種類の乳酸菌をそれぞれ使って作ったヨーグルトを比較してみます。すると，乳酸を非常にたくさん作る乳酸菌で作ったヨーグルトは，酸味が強く，酸による乳の凝固も進みます。一方で，酸をそれほど作らない乳酸菌で作ったヨーグルトは酸味が弱く，凝固もあまり進まないので，液状の緩いヨーグルトになります。ある種の乳酸菌は，粘り気のある物質を作り出すことができるので，この乳酸菌を使うと，とろりと粘り気のあるヨーグルトになります。

　また，乳酸菌は，タンパク質や脂肪を分解する酵素を持っており，乳を発酵させてヨーグルトが作られるまでに，この酵素が働いてペプチドやアミノ酸，脂肪酸が作られます。これらの成分は，ヨーグルトのうま味や独特の風味と深く関わっていますが，この酵素の量も乳酸菌によって違いがあります。そのため，どの乳酸菌を使うかによって，ヨーグルトの風味は異なります。どの乳酸菌でもおいしいヨーグルトができるわけではなく，酸味やうま味のバランスが良く，さらには，大量に生産する場合には，発酵の進み方など製造適正という視点でも優れた乳酸菌が選ばれています。

　ここまでヨーグルトを例にお話しましたが，ヨーグルト以外にも乳酸菌はさまざまなところに棲息しています。ヨーグルトで活躍するのは乳の成分を好んで栄養源とする乳酸菌ですが，

必要とする栄養源も，糖の種類や，アミノ酸の種類など，細かく見ると乳酸菌によって違いがあり，その違いが，乳中や，植物，土壌など個々の乳酸菌が好んで住む場所の違いとして現れます。

　健康効果に関しても，ある乳酸菌は整腸効果，別の乳酸菌はアレルギー症状を緩和する効果など，乳酸菌によって違いがあり，その効果の強さも乳酸菌によって異なります。これらの違いが個々の乳酸菌のどのような特徴に由来するかについては，まだすべては解明されていませんが，例えば，私たちが乳酸菌を摂取して腸に届くまでに，乳酸菌は胃酸や消化酵素にさらされるので，それらの影響を受けることなく，腸に到達できることが，整腸作用を発揮するには重要になります。この酸への耐性や，消化酵素への耐性は，乳酸菌によって異なります。他にも，腸の壁には，ある種の乳酸菌と結合するレセプターと呼ばれる部位がありますが，そこへの結合能力が重要になる場合もあることがわかっています。この結合能力も，乳酸菌によって異なります。乳酸菌の健康効果を研究する研究機関や企業の研究者たちは，個々の乳酸菌について，さまざまな指標をもとに，その個性を見極め，優れた健康効果が期待できる乳酸菌を選抜しています。

　乳酸菌は，整腸効果以外にもさまざまな効果があることがわかってきましたが，乳酸菌の違いをしっかりと認識した上で，商品を選ぶことが，乳酸菌を効果的に活用する鍵と言えます。乳酸菌の商品を見かけたら，ぜひ乳酸菌の名前をチェックしてみてください。

乳酸菌の仲間はどのくらいいるの?

Question 4

Answerer　松下 晃子

　「乳酸菌」は乳酸を作り出す菌の総称で,その中にはさまざまな特徴を持った乳酸菌がいます。菌の形や発酵形式の違い(糖を発酵して乳酸だけを作るか,乳酸以外の酸も作るか),菌の生育に必要な栄養の種類,細胞を構成している成分などの違いや,DNA の組成や配列の相同性などをもとに,大きく分けて 37 グループ,さらに細かく分けると約 500 種類の乳酸菌がいます(**図 4-1**)。ちなみに,分類学では,ここでいうグループは「属」,種類は「種」という単位で呼ばれます。それでは,それぞれどのような特徴があるのか,代表的な菌を例にご説明します。

　まず,ラクトバチルス属(*Lactobacillus*)の乳酸菌についてお話しましょう。自然界に広く棲息している乳酸菌で,Lacto-(ラテン語で「乳の」の意味)という名前の通り,古来から,ヨーグルトなどの発酵乳づくりで活躍してきました。ラクトバチルス属の乳酸菌の特徴は,まず,桿菌と呼ばれる棒状の形をしていることです。発酵形式は,糖から乳酸だけを作るホモ型,乳酸以外も作るヘテロ型,条件によってホモ型とヘテロ型を使い分ける通性ヘテロ型の 3 タイプがあり,この発酵形式の違いが,さらに細かく「種」で分類する際の指標の一つとなっています。ラクトバチルス属に属するラクトバチルス・デルブルッキイ・ブルガリカスという乳酸菌は,ホモ型の発酵をする乳酸菌です。日本では,ヨーグルトの製造に使ってよい乳酸菌の種類は決められていませんが,多くのヨーロッパの国では,ヨーグルトには,このラクトバチルス・デルブルッキイ・ブルガリカスと,後述のストレプトコッカス属に属する乳酸菌のストレ

プトコッカス・サーモフィラスが使われています。もう一つ，ラクトバチルス属の特徴的な乳酸菌にラクトバチルス・ヘルベティカスという乳酸菌がいます。スイスのチーズから見つかった乳酸菌で，スイスのラテン語名「ヘルベティア」が名前の由来となっています。この乳酸菌は，タンパク質を分解する酵素をたくさん作ることが特徴で，スイスタイプのチーズの熟成の過程で活躍します。チーズ中の乳タンパク質を分解することで，うま味のもととなるアミノ酸をたくさん作り出し，味わい深いチーズを作り出してくれます。ラクトバチルス属は，この他にも，140種以上の乳酸菌に分類でき，乳酸菌を構成する最大の属となっています。

　ヨーグルトに使われるもう一つの乳酸菌，ストレプトコッカス・サーモフィラスが属するストレプトコッカス属の乳酸菌は，球菌と呼ばれる丸い粒状の形をしています。単体の球菌の時もあれば，分裂した菌が数珠状につながっている時もあります。面白いことに，ヨーグルトで活躍するラクトバチルス・デルブルッキイ・ブルガリカスとストレプトコッカス・サーモフィラスには，乳中でお互いが作り出す物質を供与し補い合う共生関係があることがわかっています。

　他にも，塩分濃度が高いところでも生存できるという特性を持ち，味噌や醤油，漬物づくりで活躍するテトラジェノコッカス・ハロフィルスという乳酸菌もいます。

　ここまで，約500種類ある乳酸菌のうちのごく一部を紹介してきました。実は，「属」「種」よりもさらに細かい分類もあり，これは「株」と呼ばれます。ヒトに例えると，唯一無二の

個人を特定するようなイメージです。ただし，菌の場合は，分裂して増えていくので，全く同じ遺伝子を持つクローンはたくさんいます。種まで同じでも株が異なると，異なる風味のヨーグルトができたり，発酵にかかる時間が異なったりするので，工業的に安定した生産をするためには，株レベルで特定した菌を扱う必要があります。また，乳酸菌の健康効果を期待する場合にも，株ごとに機能や効果の程度が異なるので，株レベルで菌を選抜することが重要になります。新しい株が見つかると，その都度，例えば，「ラクトバチルス・アシドフィルス L-92 株」（ラクトバチルス属アシドフィルス種の L-92 と名付けた株）のようにオリジナルの名前を付けていきます。この株レベルまで細分化すると，膨大な種類の乳酸菌がいることになります。

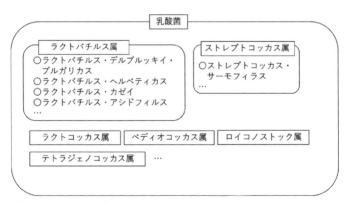

図 4-1　乳酸菌の分類イメージ

　乳酸菌というグループが，これだけ個性あふれる乳酸菌たち
で構成されていることに驚かれた方も多いのではないでしょう
か。膨大な種類の乳酸菌を相手に，一つ一つの菌の性質や機能
を見極めて私たちの生活に役立てようとする研究が，世界中で
進められています。治療法が確立されていない病気の治療や予
防，さらには，私たちの想像を超える能力を秘めている乳酸菌
が近い将来，見つかるかもしれません。

乳酸菌はどんなところに住んでいるの？

Answerer　松下　晃子

　乳酸菌といえばヨーグルト，であれば，乳酸菌はヨーグルトの原料の牛乳の中に住んでいるのではと思う人も少なくないのではないでしょうか。昔から，牛乳を乳酸菌で発酵させることでヨーグルトなどの発酵乳が作られてきましたが，この乳酸菌は，もともと牛乳の成分ではなく，搾乳時に動物の乳房に付着していたものや，空気中をただよっていた乳酸菌が入り込んできたものです（現在，店頭に売っているヨーグルトは，安定した品質の製品をつくるために，製造工程で乳酸菌を添加しています）。

　発酵乳のはじまりについては，さまざまな言い伝えがありますが，砂漠を旅していた人が，羊の胃袋に入れておいたヤギの乳を飲む時に，乳が凝固しているのを見つけたという民話がよく知られています。考えられる理由の一つとして，胃袋に住んでいた乳酸菌が長い時間温められて発酵したことで，発酵乳ができたという可能性があります。

　人間が，食糧が豊富で快適な環境を好むのと同じように，乳酸菌も住み心地のいいところに集まってきます。乳酸菌にとって住み心地のいい条件は大きく三つあります。まず一つは栄養が豊富なことです。これは乳酸菌に限らずどの生物にも共通することですが，生きるため，そして，

図 5-1　乳酸菌が好きな場所（野菜）

子孫を残すためには，個々の生物に合った栄養源があることが必須の条件です。乳酸菌は糖を主食とし，そのほかにも，アミノ酸やビタミン，ミネラル，乳酸菌の種類によっては脂肪酸などを栄養源とします。自然界でこのような栄養が豊富にあるのが，乳や野菜（**図 5-1**），植物，樹液，果汁，動物の死骸や枯れた植物が堆積した土などです。

　二つめは，適度な温度であることです。乳酸菌は，種類によっても異なりますが，概ね 4 ℃以上 50 ℃以下の温度であれば，生存，増殖することができます。

　そして，三つめは，酸素濃度が低いことです。乳酸菌は，酸素があってもなくても生存することができる通性嫌気性という性質を持った生き物です。ただし，酸素のないところの方が，エネルギーを作る効率がよく，好んで生存します。

　先ほど，自然界での乳酸菌にとって快適な場所を挙げましたが，上記の三つの条件が見事にそろい，乳酸菌にとって快適な場所として重要なのが，動物の腸内です。動物が摂取した食べ物が豊富にあり，動物の体温は乳酸菌の増殖に最適で，さらに，口から離れたところにある腸は，酸素濃度が低く，すべての条件がそろっているので，多くの乳酸菌が住んでいます（**図 5-2**）。

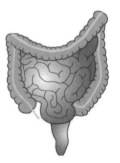

図 5-2　乳酸菌が好きな場所（お腹の中）

乳酸菌とビフィズス菌との違いは？

Answerer 松下 晃子

　ビフィズス菌は，乳酸菌の仲間として，ひとくくりにされることもありますが，実は，分類学的には，全く別の生き物です。乳酸菌の分類について，前述しましたが，分類階層の上位で乳酸菌がFirmicutes門に含まれるのに対し，ビフィズス菌はActinobacteria門に含まれます（**表6-1**）。門レベルの違いは，真核生物においては，人がクラゲや昆虫と分岐するところで，一概に比較はできませんが，そのくらい違う生き物なのです。

　生き物としての特徴も異なります。乳酸菌が，糖を発酵して主に乳酸を作るのに対して，ビフィズス菌は乳酸と酢酸を作ります。また，乳酸菌は酸素があってもなくても生きられる通性嫌気性といわれる菌であるのに対し，ビフィズス菌は酸素がある環境では生育することができない性質があります。そのため，酸素がある自然界は，乳酸菌のように広く住みかとすることはできず，一方で，動物の腸管内が主な住みかとなります。ビフィズス菌は，その形にも特徴があります。乳酸菌が長細い形あるいは球形であるのに対し，ビフィズス菌は片端が分岐したV字やY字型を示します（**図6-1**）。

　このように，多くの点で異なる乳酸菌とビフィズス菌ですが，なぜ，ひとくくりにされるのでしょうか。それは，大きな共通点があるからです。動物の腸内に住んでいて，人の健康維持に

表6-1　乳酸菌とビフィズス菌の分類学上の違い

	ドメイン	界	門	綱	目
乳酸菌	真正細菌（原核生物）	－	Firmicutes 門	Bacilli 綱	Lactobacillales 目
ビフィズス菌	真正細菌（原核生物）	－	Actinobacteria 門	Actinobacteria 綱	Bifidobacteriales 目

大きく関わっているという点です。それゆえ，ともに，プロバイオティクス（生きて健康に役立つ微生物）として，注目されてきた歴史があります。乳酸菌とビフィズス菌の違いで，健康効果に明確な違いがあるわけではありませんが，

図6-1　ビフィズス菌

店頭で，ヨーグルトのパッケージに書いてある乳酸菌，あるいはビフィズス菌という文字を見て，この二つは違う生き物だということを思い出してください。

乳酸菌を探すのは
どうやるのですか？

Question 7

Answerer 木下 英樹

　乳酸菌を探すためにはまず，乳酸菌が存在する場所を知る必要があります。そして，乳酸菌が存在しそうなサンプルを入手し，寒天培地で培養してコロニーを単離します。その後，単離した菌が乳酸菌であるかどうかを調べるというプロセスになります。

乳酸菌が存在する場所

　乳酸菌が存在する場所については，Q5 及び Q21 も参考にしてください。乳酸菌といえばヨーグルトやチーズを想像する人が多いと思いますが，それ以外にもさまざまな場所や発酵食品に含まれます。表7-1 に乳酸菌がどのような場所に存在しているかをまとめました。乳酸菌は発酵乳製品，発酵肉製品，醸造製品，大豆発酵製品，漬物など多くの食品に含まれ私たちは日常的に乳酸菌を食べています。

表 7-1　乳酸菌の利用と分布

（食品）	
発酵乳製品	ヨーグルト，チーズ，発酵乳飲料，発酵バター，ケフィア　など
発酵肉製品	発酵ソーセージ，熟成ハム　など
醸造製品	日本酒（清酒），マッコリ，ワイン，馬乳酒　など
大豆発酵製品	味噌，醤油，発酵豆乳（豆乳ヨーグルト）　など
漬物	さまざまな漬物，キムチ，ピクルス，ザワークラウト　など
その他	サワードゥ，なれずし，後発酵茶，野菜，果物，海産物　など
（食品以外）	
ヒト	口腔，胃，小腸，大腸，膣，糞便　など
家畜	上記消化管，飼料（サイレージなど），糞便，堆肥　など
その他	土壌，海水　など

　ただし，市販のものは殺菌されているものも多くそれらから
は乳酸菌は単離できません。例えば，日本酒（清酒）は製造過
程で乳酸菌が増えますが，生酒以外は火入れ（加熱殺菌）して
いるため，そこから単離することはできません。韓国のマッコ
リは火入れしてあるものもありますが，火入れしない生マッコ
リも多く飲まれており，生マッコリにはたくさんの乳酸菌が生
きたまま残っていることが知られています。その他の食品では，
サワードゥ（酸っぱいパン種），なれずし，後発酵茶（碁石茶，
阿波晩茶など），野菜，果物からも乳酸菌が単離されます。ま
た，食品以外ではヒトや動物の消化管，糞便に含まれているほ
か，家畜の飼料として使われているサイレージ（牧草を発酵さ
せたもの）にも大量に乳酸菌が含まれています。また，最近で
は海産物や海水などからも乳酸菌が次々に見つかってきており，
耐塩性が高く，好塩基性（好アルカリ性）を示すなど面白い特
徴を持つものも単離されています。探せばどこにでもいるのか
もしれません。

乳酸菌を単離する方法
　乳酸菌を単離するための培地には，乳酸菌用の寒天培地を用
います。下記には一般的な乳酸菌の単離法について簡単に記載
しました。
1．サンプルを細かく切る（サンプルによっては必要なし）。
2．サンプルを滅菌した生理食塩水などに懸濁する。
3．寒天培地に少量添加し，塗り拡げる。
4．密封容器に酸素吸着剤とともに入れ密封する（これで中は

嫌気状態となる）。
5．30〜37℃で2〜3日間培養する。
6．形成されたコロニーを採取する。

　このようにして単離された乳酸菌は増やされて，機能性や安全性を調べられて，さまざまな食品に利用されています。現在，米の研ぎ汁に黒蜜や食塩などを入れて自分で発酵させた発酵液を使って豆乳ヨーグルトを作る人が増えていますが，そのような場合，他の雑菌も混ざっていることも多く十分安全性が保証できないことを認識しておく必要があります。少しでも味や匂いなどに違和感を感じたら，廃棄したほうが無難です。

乳酸菌かどうかを調べる
　単離した菌が乳酸菌かどうかを調べるためにはどうすればよいのでしょうか？　顕微鏡を用いた形態観察は古くから行われていますが，今でもまず最初に行うべき有効な手段です。グラム染色という染色法を行って生物顕微鏡で400〜1000倍の倍率で，染まり方と形態，大きさ等を観察します。乳酸菌は青色に染まり，丸い形か棒状の形をしています。それからカタラーゼという過酸化水素を水と酸素に分解する酵素を持っているかを調べます。乳酸菌は一部の例外を除きカタラーゼを持っていませんので，形態観察の結果と合わせると乳酸菌かどうかの判断がしやすくなります。また，どのような糖を利用して増殖できるかを見る糖資化試験や15℃や45℃での生育性を見る試験なども乳酸菌かどうか，あるいは乳酸菌ならどのような種類の

乳酸菌かを判断する基準になります。最近では，DNA配列を比較する方法（**Q1 参照**）が主流となっています。このようにさまざまな性質を調べて基準となる菌と照らし合わせて複合的に判断します。

　以上のように，乳酸菌はさまざまな場所に存在し，食品製造等に利用されています。最近では飲料水や菓子類にまで乳酸菌が使われるようになりました。乳酸菌は私たち人間と同じように個性があり同じ種の乳酸菌でも性質が異なっています。また，私たちの腸内細菌も一人一人違います。ぜひ，乳酸菌が含まれているいろいろな種類の発酵食品を食べて，自分に合ったものを見つけてみてください。

乳酸菌はなぜヒトの健康に役立つの？

　1857年にフランスの化学者パスツールによって，乳酸菌の存在が発見されてから，今日まで160年余りが経ちます。この間，乳酸菌の研究は大きな進展を遂げてきました。乳酸菌は，長年，乳を発酵乳に変えることで食糧の長期保存に貢献してきました。それが，健康との関わりという新たな視点で注目される転機となったのは，1907年のロシアの微生物学者メチニコフによる「不老長寿説」の提唱です。「不老長寿説」は，乳酸菌が"腸内腐敗を抑制する"可能性を示した説です。この"腸内腐敗の抑制"という表現は，さまざまな解析技術の進展で，その正体が明らかになってきた今日では"腸内フローラのバランスの改善"という言葉に置き換えることができます。腸内フローラとは，腸の中に住んでいる100〜1000兆個，約1000種類の微生物群のことです。近年の研究で，その数や種類の変動，すなわち"腸内フローラのバランス"は，腸の健康状態に大きな影響を及ぼすことが明らかになってきています。「不老長寿説」から始まった乳酸菌と腸内フローラとの関わりは，乳酸菌の健康効果を語る上で欠かすことはできません。

　一方で，このような腸内における乳酸菌と微生物との関わりとは別に，1980年頃からは，摂取した乳酸菌が，免疫系や循環器系，神経系などを介して全身のさまざまな部位へもアプローチしていることがわかってきました。乳酸菌とヒトの健康との関わりについて，最初に述べた"腸内フローラとの関わり"と，"全身へのアプローチ"の二つに分けて，乳酸菌がどのように私たちの体に働きかけているか詳しく説明しましょう。

　まず，乳酸菌と腸内フローラとの関わりです。腸内フローラ

を構成する微生物たちは，腸内で，私たちが食べたものから栄養を得て，生命活動を営んでいます。そして，生命活動の結果として，さまざまな代謝物が菌から作り出され，腸内に放出されます。この代謝物の中には，私たちの健康に悪い影響をもたらすものもあれば，良い影響をもたらすものもあります。悪い影響というのは，例えば，ウェルシュ菌や一部の大腸菌などが作る悪臭のもととなる物質や，発がん性の物質です。このような菌が腸内で大繁殖してしまっては大変ですね。そこで，腸内では，悪さをする菌の増殖を抑える役回りの菌がいます。その一つが乳酸菌です。乳酸菌が作り出す乳酸により腸内の pH が下がると，悪さをする菌が増えにくい環境になります。健康に役立つ菌として，よく知られるビフィズス菌の場合は，乳酸に加え酢酸も作ります。乳酸菌やビフィズス菌の働きにより，腸内の悪い菌の増殖が抑えられ，バランスの良い状態が作り出されることで腸の健康が保たれるのです。乳酸菌を摂取することで，下痢や便秘の改善，糞便のにおいの改善がみられるのはこのためです。

　次に，乳酸菌の全身へのアプローチについてお話します。その前に，この説明には菌の構造を理解していることが必要なので，まず説明しておきましょう。乳酸菌は，単細胞の生き物で，細胞の最外側には細胞壁があります（**図 8-1**）。細胞壁の内側には，細胞膜があり，膜で囲まれた内部は細胞質と呼ばれます。細胞壁は，ペプチドグリカンと呼ばれる，多糖とペプチドから成る網目状の構造物で，細胞膜は，脂質を中心に，さまざまなタンパク質が局在しています。細胞質には，ここにもさまざま

なタンパク質や，他にも核酸や脂肪酸など，菌の生命活動に必要なあらゆる物質が詰まっています。このような細胞壁，細胞膜，細胞質を構成する多様な物質のことを「菌体成分」といいます。乳酸菌の健康機能の研究が進められる中で，前

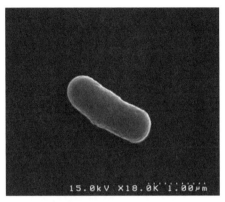

図8-1　乳酸菌の電子顕微鏡写真（東海大学木下英樹先生提供）

述した腸内フローラのバランスの改善だけでは説明がつかない事例も多くあり，どうやら，この菌体成分が，薬でいう有効成分のように，直接，体に作用していそうだということがわかってきました。実際に，乳酸菌による，アレルギー改善作用や，感染防御作用，コレステロール低下作用などがあることが見つかった乳酸菌について，具体的にどのような菌体成分が作用しているのか特定が進められているものもあります。

　乳酸菌の研究が何十年もの間，勢いを落とさずに進められている背景には，健康寿命の増進に向けて，食を介した取り組みが期待されている状況があります。心身ともに健康な状態で年を重ねていくためには，予防的に日々の生活に健康維持につながることを取り入れることが必要です。乳酸菌は，身近な食品として，生活に密着しており，その役目を果たす適任者といえ

るのです。もちろん，万能薬ではないので，乳酸菌ばかりにたよるのではなく，生活習慣を改善することと合わせて取り組むことが大切です。

乳酸菌はいつ頃見つかったのですか？

Question **9**

Answerer　宮下　美香

　乳酸菌を含む微生物を初めて顕微鏡で観察したのは，オランダのデルフトに生まれたレーウェンフック（Antonie van Leeuwenhoek, 1632-1723）だと言われています。彼は研究者ではなく商人でしたが，自分で作った顕微鏡を使い，湖水や雨水，井戸水，川の水，海水といった自然にある水や，小麦などの穀物類やコショウ，ショウガなどを浸した水，数日間放置した酢，動物の胆汁や排泄物など，さまざまな物を詳細に観察して記録しました。彼は研究者ではなかったため論文として観察記録を残していませんが，1673 年から彼が亡くなるまでの50 年間ほどにわたって，当時の最先端科学を推進していたロンドン王立協会（Royal Society of London）へ送り続けた手紙の中に，その記録を見ることができます。レーウェンフックが王立協会へ手紙を送るようになったのは，彼の優れた自作の顕微鏡や詳細な観察結果を知ったデルフトの医師グラーフ（Reinier de Graaf）が，王立協会へ手紙を書いて知らせたことがきっかけとなりました。レーウェンフックが細菌を観察した記録は，1670 年代の手紙の中に書かれています。

　本格的に乳酸発酵を調べたのはフランスのパスツール（Louis Pasteur, 1822-1895）で，1857 年に「乳酸発酵に関する報告」という短い論文を出しています。パスツールは化学分野で研究者としてのキャリアをスタートしましたが，フランス北部にあるリール大学へ着任してまもなく，この地区の主要産業だったアルコール醸造業者からの相談をきっかけに，発酵の研究を始めました。テンサイ糖から発酵によりアルコールを製造する醸造業者は，製造するアルコールが発酵過程でなんらかの物質に

9　乳酸菌はいつ頃見つかったのですか？　　29

よって汚染されることを訴え，パスツールに助けを求めました。当時，アルコール発酵には常に酵母が伴っていることは知られていましたが，酵母とは生命体ではなく，触媒として働く化学物質の一種として考えられていました。しかしパスツールは汚染されているというテンサイ糖の発酵液を何度も観察し，光学活性のあるアミルアルコールが含まれることに気づきました。生命体が作る物質はごく少数の例外を除いて，いずれも光学活性体であり，パスツールはそれまでの化学者としての経験から発見した光学活性体を見て，発酵は生き物の代謝活動により起こる現象だと主張しました。

　さらにパスツールは，汚染されたテンサイ糖の発酵液中には，酵母として認識されていた球状の細胞の他に，それよりもずっと小さい桿状や球状の細胞が混在していることを発見しました。この小さい桿菌や球菌の少量を，炭酸カルシウムを加えた糖液に添加すると，糖を乳酸に変えながら桿菌や球菌が増殖することがわかりました。増殖した小さい桿菌や球菌の少量を新しい糖液に添加することを繰り返すと，常に乳酸発酵が起こり菌が増殖しました。この実験でパスツールは，乳酸発酵の主体となるのは化学物質ではなく増殖する生物で，増殖に伴って糖を乳酸に変換することを示し，アルコール醸造過程での汚染は，本来なら糖からアルコールが作られるアルコール発酵の一部が，糖を乳酸に変換する乳酸発酵に置き換わっていることが原因であることを突き止めました。こうしてパスツールは，糖を乳酸に変換する乳酸発酵という現象と，乳酸発酵をする小さな生き物，つまり乳酸菌の存在を発見したのです。

参考文献 1) 天児和暢：日本細菌学会誌, **69**, 315-330（2014）
2) ルネ・デュボス著, トーマス・D・ブロック編, 長木大三, 田口文章, 岸田綱太郎訳, 「パストゥール」, 学会出版センター（1996）
3) R. Y. スタニエ, J. L. イングラム, M. L. ウィーリス, P. R. ペインター著, 高橋 甫, 斎藤日向, 手塚泰彦, 水島昭二, 山口英世訳, 「微生物学（上）」（第5版）, 培風館（1989）

乳酸菌はなぜ善玉菌なのか？

1

乳酸菌について

　「乳酸菌」というとヨーグルトやチーズなどの発酵乳製品に含まれる菌をイメージする人がほとんどだと思います。発酵乳製品の他にもキムチや漬物といった多様な発酵食品にも乳酸菌は含まれており，さらには伝統的な日本料理である鮒寿司にも乳酸菌が含まれています。このような発酵食品に含まれる乳酸菌は食品素材を発酵熟成させ，うま味成分や香り成分を引き出し食品の風味の醸成に貢献する他，一部の乳酸菌においてはバクテリオシンという抗菌性の物質を作り出すことで雑菌の繁殖を抑え，発酵食品の長期保存を可能にしています（**Q29 参照**）。

　乳酸菌は善玉菌である，と言われ研究が盛んになったのも，歴史をさかのぼると 20 世紀初頭にフランスにあるパスツール研究所のメチニコフ博士が提唱した「発酵乳を常食している地域の人々は寿命が長く，その理由は発酵乳中の乳酸菌が腸内に定着して，有害菌による腐敗を抑え老化を遅らせるからである」という不老長寿説によるところが大きく，保健効果をもたらすことこそが乳酸菌の善玉菌だと呼ばれる理由であると考えられます。

　乳酸菌は発酵食品のみならず，私たち人間の消化管や家畜などの動物の消化管にも広く棲息分布しており，免疫調節作用や感染防御作用など宿主の健康に広く貢献することからプロバイオティクス「十分量を摂取した時に宿主に有益な効果を与える生きた微生物（FAO/WHO より）」，すなわち善玉菌として多くの食品やサプリメントに応用されています。ビフィズス菌も同じくプロバイオティクスとして私たち人間や動物へ保健効果をもたらしてくれます。訴求されている乳酸菌の保健効果は多

数あり，肌の調子を整える作用や，肥満や内臓脂肪を改善するといった美容向けの機能性も数多く研究されています。最近では「脳腸相関」という分野での研究が盛んになっており，プロバイオティクス投与によって腸への刺激が脳へ伝わり，うつ病やストレス，さらにはアルツハイマー病などの認知機能にも改善作用を報告する研究例が増えてきています。

　これら保健効果の作用機序には乳酸菌が作り出す代謝物や，乳酸菌の加熱死菌体でもその効果効能が見られることから菌自身の菌体成分が宿主の細胞に作用し効果が発揮されることが考えられています。しかし，乳酸菌にもいろいろな種類が存在し，すべてが同じ保健効果をもたらすわけではありません。例えば「人間」という生物は，全員が 100m を 9 秒台で走れるわけではないですし，全員の身長が 2 m を超えるわけでもありません。これは個人差によるもので，「乳酸菌」という生物は，育つ環境などによって特有の性質を獲得あるいは欠落するため，性質の一つであるプロバイオティクスとしての機能もまた，種類（種や株）によっては大きく異なります。

　また近年，科学の進歩とともに解析技術も進化しており，これまでできなかった腸内環境のより詳細な解析ができるようになり，思いがけない研究成果も報告されています。例えば，これまで悪玉菌として考えられていた菌が，詳細な研究により有益な菌として保健効果が確認された例もあります。具体的には，腸内に棲息するクロストリジウム菌はこれまで悪玉細菌として考えられていましたが（もちろん病原菌も存在します），一部のクロストリジウム菌は酪酸を産生することで制御性 T 細胞

という体内で過剰な免疫反応を抑制し，免疫の恒常性を維持する細胞の分化を誘導することが明らかとなりました。善玉菌，悪玉菌以外に中間の性質を示す日和見菌も腸内環境によってはこのような良い働きをする菌が存在することも明らかとなってきており，善玉菌，悪玉菌という枠で単純に菌の善し悪しを区別することはできなくなってきています。

　さらには乳酸菌と呼ばれる，あるいは生物学的に乳酸菌と分類されるものすべてが善玉菌として扱われるかというと実のところそうではありません。乳酸菌に分類される菌の中にも病原性を示す，いわゆる悪玉菌も存在するのです。レンサ球菌と呼ばれるストレプトコッカス属細菌は乳酸菌に分類され，ヨーグルトのスターターとして古くから利用されているサーモフィラス菌もこのストレプトコッカス属細菌の仲間ですが，このストレプトコッカス属細菌の中には溶血性の病原性を示す種類の菌も多数存在し，肺炎レンサ球菌，化膿レンサ球菌，劇症型溶血性レンサ球菌（人食いバクテリア）などがこれに該当します。もちろん私たちが普段食べるような発酵食品に病原菌が含まれるようなことはありませんが，上述したような菌も乳酸菌としては分類されているため，すべての乳酸菌が善玉菌ではないということにも留意してもらえればと思います。

日本酒の生酛づくり

Section 2

乳酸菌を使った製品

乳酸菌飲料とはなに？

　牛乳やヨーグルトなどの乳製品は、「乳及び乳製品の成分規格等に関する省令」（略して乳等省令といいます）という法令によって、成分の規格が定められています（**表11-1**）。乳酸菌飲料とは「乳等を乳酸菌又は酵母で発酵させたものを加工し、又は主要原料とした飲料（発酵乳を除く。）」と定義されており、無脂乳固形分（牛乳から水分と乳脂肪分を差し引いた残りの成分で、タンパク質、乳糖、ミネラルなどが含まれる）などの成分の違いにより、さらに細かく分類されます。

　乳酸菌飲料のうち、無脂乳固形分が3.0％以上のものは、「乳製品乳酸菌飲料」と呼ばれ、1 mL当たりの乳酸菌数または酵母数は1000万以上と定められています。無脂乳固形分が3.0％未満のものは「乳酸菌飲料」と呼ばれ、1 mL当たりの乳酸菌数または酵母数は100万以上と、「乳製品乳酸菌飲料」とは異なる成分規格が定められています。また、「乳製品乳酸菌飲料」には、発酵後に加熱殺菌したものもあり、「乳製品乳酸菌飲料（殺菌）」と表示されます。これらはすべて、乳酸菌飲料に分類されます。乳酸菌飲料に似たものに「飲むヨーグルト」がありますが、これは無脂乳固形分が多いため、ヨーグルトと同じ「発酵乳」に分類されます。なお、無脂乳固形分3.0％未満で、加熱殺菌した飲料は「清涼飲料水」に分類されます。

　乳酸菌飲料にはさまざまなものがありますが、「ヤクルト」や「カルピス」が有名です。ヨーグルトが海外から伝わったのとは異なり、乳酸菌飲料は、もともと日本で誕生し世界に広まった飲料です。1919年（大正8年）、カルピスが日本で初めて発売されました。したがって、乳酸菌飲料には100年以上

表 11-1　乳等省令で定められている成分規格

種類	無脂乳固形分	大腸菌群	1mL 当たりの乳酸菌数または酵母数
牛乳	8.0%以上	陰性	-
発酵乳	8.0%以上	陰性	1000 万以上
乳製品乳酸菌飲料	3.0%以上	陰性	1000 万以上
乳製品乳酸菌飲料（殺菌）	3.0%以上	陰性	-
乳酸菌飲料	3.0%未満	陰性	100 万以上

の歴史があるといえます。

　乳酸菌飲料は発酵乳に糖や果汁を加えることで，おいしさや機能性を高めています。その作り方はさまざまですが，一般的な方法を紹介します。まず脱脂乳を殺菌し，乳酸菌を加えて発酵させます。殺菌は，「63℃で30分間の加熱殺菌をするか，又はこれと同等以上の殺菌効果を有する方法で殺菌すること」と乳等省令で定められています。最もよく用いられている殺菌方法は，UHT（Ultra High Temperature：超高温加熱処理）と呼ばれる方法で，120〜130℃で，2〜3秒間の加熱を行います。具体的には，プレート式熱交換器というステンレス製の薄いプレートをいくつも重ね，そのプレートの間に蒸気やお湯を流すことによりプレートを熱し，それらのプレート間に原料の乳を通すことで，高温で短時間の加熱殺菌を可能にしています。乳酸菌飲料には褐色（薄いカラメル色）をしているものがありますが，この色は着色料によるものではなく，脱脂粉乳とブドウ糖を混合して加熱殺菌する際に，乳タンパク質を構成しているアミノ酸と糖のカルボニル基が反応するアミノカルボニル反応（メイラード反応）により褐色に変化したものです。

　乳酸菌飲料の製造過程では，一旦はヨーグルトと同様に，乳を乳酸菌で発酵することによるカード形成（乳に含まれるカゼインと呼ばれるタンパク質が凝固する現象）が起こります。そ

のカードを破砕した後に，味を決めるための液糖や果汁，香り
を加えるための香料，乳タンパク質を製品中で均一に分散させ
るための安定剤（ペクチンや大豆多糖類）などの原料を加えま
す。原料をすべて混合した後，ホモジナイザーと呼ばれる微細
にすり潰す機械に製品を通すことでさらに均質化したものを，
容器に充填し，包装されて工場から出荷されます。ヨーグルト
や乳酸菌飲料は，充填からトラックでの輸送，物流センター
（倉庫）での保管から店頭への輸送，販売に至るまで，すべて
冷蔵（チルド）で管理されています。製品中では乳酸菌が生き
ているため，低温にすることで輸送・保管中に発酵が進んで
酸っぱくなるのを抑え，乳酸菌の数が減少してしまうのを防い
でいます。

　一方，「乳製品乳酸菌飲料（殺菌）」に分類されるものについ
ては，製品中の乳酸菌は殺菌されていますので，法律上の乳酸
菌数の決まりはありません。上で述べたように乳酸菌が生きて
いる製品は低温で管理することにより乳酸菌の活動を抑えます
が，殺菌された乳酸菌飲料は低温にする必要がないので他の食
品と同様に常温で流通・保存できるという利点があります。殺
菌してしまったら乳酸菌の健康効果が失われるのではないかと
いうと，そんなことはありません。乳酸菌の細胞壁や核酸など
の成分が腸内で免疫細胞を刺激することが知られています。こ
のように乳酸菌が人の健康に直接作用する働きを「バイオジェ
ニクス（効果）」と呼んでいます（**Q47参照**）。乳酸菌が人の
健康に作用する仕組みについてはまだまだ解明されていない部
分が多く，現在も研究が進められています。

ヨーグルトの作り方は？

Answerer　川井　泰

　発酵乳は文字通り，乳酸菌などを利用して乳を発酵させた食品で，世界には400種類以上の発酵乳があるとされています。中でも，ヨーグルトは発酵乳の代表として世界で親しまれており，国際規格では「ヨーグルトと称される製品は，ブルガリア菌（*Lactobacillus delbrueckii* subsp. *bulgaricus*），サーモフィラス菌（*Streptococcus thermophilus*）両乳酸菌の乳酸発酵作用により，乳および脱脂粉乳等の乳製品から作られるもので，最終製品中には両菌が多量に生存しているもの」と定義されています。

　ヨーグルトの作り方に入る前に，日本でのヨーグルトについて説明をしましょう。厚生労働省の食品衛生法に基づく「乳及び乳製品の成分規格等に関する省令」（乳等省令）により，「発酵乳とは乳又はこれと同等以上の無脂乳固形分を含む乳等を乳酸菌又は酵母で発酵させ，糊状又は液状にしたもの又はこれらを凍結したもの」とされ，「ヨーグルト」という名称は見当たりませんが，まさにこの部分が「ヨーグルト」（発酵乳）を指しています。

　ヨーグルトの作り方はこれまでの説明からも簡単に思えるかもしれませんが，日本では，「成分としては8％以上の無脂乳固形分（脂肪分と水分を除いた成分）を含み，生きた乳酸菌（又は酵母）を1000万/mL以上かつ大腸菌群を検出しない」とされ，現在は発酵後に殺菌してもよいことになっています。また，国際規格であるブルガリア菌とサーモフィラス菌を使用しない製品も販売されています。

　さて，本題のヨーグルトの作り方ですが，企業で製造する場

合と家庭で製造する場合（**Q16参照**）で製造方法の原理は基本的に同じで，新鮮な殺菌乳に，スターター乳酸菌を添加し，37〜42℃で3〜12時間程度で発酵して製品になりますが，企業メーカーでは大規模で，衛生面に特に気を使って作られています。また，メーカー工場では，主に2通りの作り方①最初に原料乳へ乳酸菌を添加してから発酵させて後に充填する前発酵タイプと，②原料乳または果汁，糖分，ゼラチンなどを添加した原料乳に乳酸菌を添加して充填した後に発酵させる後（あと）発酵タイプがあり，次に紹介する各種製品によって使い分けがなされています。

　現在，日本で製造されているヨーグルトは，主として以下の5種類に分類されています。

・プレーンヨーグルト
　　砂糖や香料などを一切添加せず，乳成分のみで製造したヨーグルト。
・ソフトヨーグルト
　　タンクで発酵して固まったプレーンヨーグルトを攪拌して滑らかにし，果汁や果肉，甘味料を加えて作ったヨーグルト。
・ハードヨーグルト
　　原料乳にゼラチンや食物繊維である寒天を加えてプリン状にしたヨーグルト。
・ドリンクヨーグルト（飲むヨーグルト）
　　水分を加えず，タンクで発酵したヨーグルトの組織を，細かく砕いて液状にしたヨーグルト。
・フローズンヨーグルト

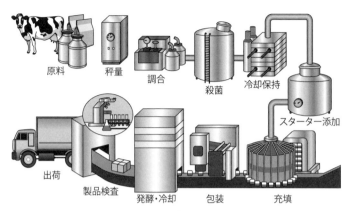

図12-1　メーカー工場におけるヨーグルト製造工程の例

　　ドリンクヨーグルトに空気を含ませて急速に冷凍して作っ
たヨーグルト。

　最後のフローズンヨーグルトは最近では見る機会が少なくな
りましたが，他の4種は，おわかりいただけること思います。
特に，飲むヨーグルトですが，水を加えていると思われるかも
しれませんが，実際は，プレーンヨーグルトやソフトヨーグル
トを撹拌により組織を砕いて飲むタイプにした製品です。
　ヨーグルトができる原理は，限られた紙面では詳しくお伝え
できませんが，乳酸菌が牛乳の栄養分（主に牛乳中の糖分であ
る乳糖）を利用して，乳酸を排出することで，ヨーグルトは
酸っぱくなります（pH4.6前後になります）。また，面白いこ
とに，牛乳中のタンパク質（カゼイン）はpH4.6で沈殿する
性質がありますので，乳酸が作られることで牛乳は凝固して
ヨーグルトになります。
　なお，pH4.6まで下がると大腸菌などの食中毒原因菌は死ん
でしまいますので，ヨーグルトは安全性の高い食品になり，

ヨーグルトやチーズは牛乳を長持ちさせたい（保存食）という目的から発展した食品であることがよくわかりますし，人間はこのような乳酸菌の性質を食品製造において上手に利用してきたのです。

チーズはどうやって作るの？

Answerer　荒川　健佑

　チーズの作り方の前に，まずはチーズとは何かを説明しましょう。チーズとは，乳や乳原料を酵素・その他の凝固剤の作用により凝固させ，その凝固物（凝乳）から乳清（ホエイ）の一部を除去した固形または半固形の製品のことを言います。これについては，国際連合食糧農業機関（FAO）と世界保健機関（WHO）の下で作られた国際規格（CODEX 規格）においても，食品衛生法に基づく「乳及び乳製品の成分規格等に関する省令」（乳等省令）及び景品表示法に基づく「ナチュラルチーズ，プロセスチーズ及びチーズフードの表示に関する公正競争規約」におけるナチュラルチーズの国内規格においても，ほぼ同様に記載されています（乳等省令ではプロセスチーズ，公正競争規約ではさらにチーズフードという分類もありますが，世界的な呼称にならって，ここではナチュラルチーズをチーズと呼びます）。すなわち，チーズの規格には，実は，乳酸菌の有無に関してほとんど言及されておらず，製造・熟成の過程で乳凝固や風味形成に必要であれば添加される程度の記載しかありません。

　歴史的に見ても，チーズの起源は紀元前3500年以前の西アジアまでさかのぼる（野生動物の家畜化が紀元前8500年頃，搾乳が紀元前7000年頃までに開始され，その後チーズ様の乳製品が誕生した）とされていますが，初期のチーズは酸乳（乳酸菌で自然発酵した乳）及びそこから作られたバターミルク（バターの副産物）を原料とすることが主であったものの，凝固には加熱（熱凝固）が用いられ，乳酸菌等による熟成のない非熟成型だったと言われています。また，その後の西アジアか

ら世界に伝播する過程においても，反芻仔畜（牛や羊）の第四胃やレモン等の柑橘果汁が加熱以外の凝固因子（後述）として主に用いられ，乳酸菌等による熟成作用は特に重要視されていなかったようです。これは，当時のチーズ加工が水分を除くことによる保存性向上を第一目的としており，風味形成等は二の次であったためと考えらます。しかし，ヨーロッパにチーズ加工技術が伝播すると，乳酸菌やカビ等の微生物を利用するようになり，その結果，風味や食感が豊かになって，現代まで続く熟成チーズの文化が花開いていくことになります。すなわち，熟成の主役である乳酸菌がチーズの価値・多様性を大いに高めたと言えます。

　現在，世界には数千種類を超えるチーズが存在しており，原料乳の乳種，外観，硬さ，成分組成，製法などの特徴からいくつかのグループに分けられます。ここでは，製法に着目して，カッテージなどの「フレッシュ（非熟成）タイプ」，ゴーダなどの「セミハード（非加熱圧搾）タイプ」，パルミジャーノレッジャーノなどの「ハード（加熱圧搾）タイプ」，ポンレヴェックなどの「ウォッシュタイプ」，カマンベールなどの「白カビタイプ」，ゴルゴンゾーラなどの「青カビタイプ」の六つに大別して説明してきます。ただし，それぞれ製法は異なりますが，「原料乳の標準化と殺菌」，「乳凝固」，「ホエイ分離」，「ホエイ排出・型詰・圧搾・加塩」，「熟成」の5段階に分けられるのは概ね共通しています（フレッシュタイプは第4段階まで）。最も基本的なチーズの作り方として，ゴーダチーズの製造工程を**図13-1**に示したので，参考にしてください。

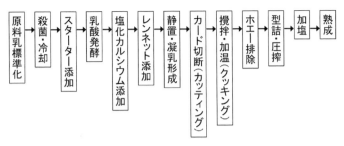

原料乳標準化 → 殺菌・冷却 → スターター添加 → 乳酸発酵 → 塩化カルシウム添加 → レンネット添加 → 静置・凝乳形成 → カード切断（カッティング） → 撹拌・加温（クッキング） → ホエー排除 → 型詰・圧搾 → 加塩 → 熟成

図 13-1　セミハードタイプ（ゴーダ）チーズの基本的な製造工程

　それでは，各製造段階について説明していきましょう。まずは，第1段階の「原料乳の標準化と殺菌」です。標準化は原料乳の脂肪とタンパク質の量を調整する工程で，必要に応じて行われます。殺菌は伝統的な製法に基づいて行われない場合もありますが，近年は食中毒や製造不良を避けるためにも殺菌するのが一般的です。殺菌方法は，低温保持殺菌（63℃，30分；LTLT法）や高温短時間殺菌（72〜75℃，15秒；HTST法）が採用され，飲用乳に常用されるような超高温殺菌（120〜150℃，1〜3秒；UHT法）は余計なタンパク質の変性やカルシウムの不溶化を招くため用いられません。

　次は，第2段階の「乳凝固」です。熱凝固，酸凝固，レンネット凝固のいずれか，もしくはそれらを組み合わせて行われます。熱凝固は，98〜99℃に煮詰めることによる乳タンパク質の変性・不溶化を利用しており，主に酸凝固と組み合わせて，リコッタのようなフレッシュタイプで用いられます。熟成タイプのチーズでは乳酸菌等の発酵微生物が死滅してしまうので用いられません。酸凝固は，主要な乳タンパク質であるカゼインの等電点沈殿（タンパク質分子の電荷の総和を0にして溶解度を下げる沈殿法）を用いて行われます。原料乳のpHをカゼインの等電点（pH = 4.6）まで下げるために，一部のフレッシュ

タイプ（特にホームメイド）では柑橘果汁（クエン酸）やお酢（酢酸）が添加されます。しかし，ほとんどの場合，発酵スターターとして乳酸菌（ウォッシュや白カビタイプでは酵母も，青カビタイプでは青カビも）が添加され，加温保持（30〜40℃）で乳酸菌が産生する乳酸によって酸凝固がもたらされます。乳酸菌を用いた酸凝固の原理はヨーグルト等の発酵乳と同様ですが，添加される乳酸菌は異なりますので，その詳細は他の項を参照してください（**Q4, Q22, Q43参照**）。また，酸凝固ではカゼイン同士をつなぐリン酸カルシウムが遊離してしまい，ホエイ分離後の塊（カード）の硬度が低くなるため，レンネット凝固と組み合わされるのが一般的です。レンネット凝固では，反芻仔畜の第四胃から抽出された凝乳酵素のレンネット（主体はタンパク質分解酵素であるキモシン）を用いて，カゼインの一部（κ-カゼインの親水性部分）を切断・遊離することによってカゼインを不溶化させます。凝固を促進するために塩化カルシウムを添加することもあり，硬いカード形成がなされるので，熟成を要するタイプではレンネット凝固は必ず行われます。近年では，動物性レンネットの供給不足により，植物由来や微生物性由来のレンネット，さらには，遺伝子組換えのレンネットも使用されています。

　乳凝固の後は，第3段階の「ホエイ分離」になります。レンネット等の添加後の静置によって形成された凝乳は，ホエイ分離のためにカードナイフによって切断（カッティング）されます（**図13-2**）。形成されるカードのサイズは，白カビタイプなど柔らかいチーズの場合は大きく，ハードタイプの硬いチーズ

図13-2　セミハードタイプ（ゴーダ）チーズの製造の様子：カード切断（左上），クッキング（右上），ホエイ排除（左下），型詰（右下）（撮影協力：NPO法人土田の里チーズ工房）

ほど小さくカットされます。次いで，セミハード・ハードタイプでは，カードの収縮とホエイの分離を促すために，攪拌しながら加温（クッキング）していきます（**図13-2**）。セミハードタイプでは40℃未満（38℃程度）に，ハードタイプでは40℃以上（48〜56℃）に加温されます。加温によってカード内の乳酸菌が増殖し，pH低下（乳酸生成）に伴うカード収縮も促されます。この攪拌・加温・酸生成によるホエイ分離をシネレシスと呼び，その制御がセミハード・ハードタイプのチーズ製

造では最も重要な工程とされています。

　目的のカードが形成されたら，次は第4段階の「ホエイ排出・型詰・圧搾・加塩」に移行します。セミハード・ハードタイプではある程度ホエイを排出した後に多孔の型（モールド）に詰めていき（**図13-2**），その後，プレス機を使って圧搾，さらに，塩水に漬けることによって加塩します。圧搾はホエイ排出だけでなく成形も兼ねていて，加塩は味だけでなく防腐効果も付与します。伝統的なチェダーなどでは，型詰・圧搾の前に，ホエイ排出後のカードのブロックを積み重ねるチェダリングを行い，ホエイをさらに排出した後に，カードを再破砕（ミリング）して，加塩する工程を挟みます。一方で，白カビなどのソフトなタイプでは，カードとホエイをすくってモールドに入れていき，その後，数時間～数日かけて（場合によっては反転を繰り返しながら）自重でホエイ排出及び成形を行います。成形後は乾塩や塩水を擦り込むことによって加塩し，ウォッシュタイプの場合はリネンス菌を，白カビタイプの場合は白カビを合わせて塗布します。

　ここまで行うと，グリーンチーズ（熟成前のチーズ）の完成で，あとは第5段階の「熟成」に入ります。条件と期間はチーズによってさまざまですが，概ね8～15℃，湿度85～95%で，1週間～2年間の熟成を行います。熟成期間中には，発酵微生物の作用によって乳成分が分解・変換され，それぞれのチーズに特有の風味・食感を生み出すことになります。熟成中の変化に関する詳細は **Q43** を参照してください。なお，ウォッシュタイプの場合は，この熟成期間中にチーズ表面を，塩水（もし

くはリネンス菌を含む塩水）を染み込ませた布やブラシで拭う（ウォッシング）ことによって，雑菌繁殖を抑え，リネンス菌を優勢にさせます。その他のタイプでも，ブラッシングや反転といった熟成の効果を高める操作が必要に応じて行われます。

　以上がチーズ製造の基本的な流れになります。少し難しくなってしまいましたが，理解してもらえたでしょうか。ここで示した以外にも，ヤギ乳を原料乳とするシェーブルタイプであったり，乳酸菌とともにプロピオン酸菌を使用してチーズアイ（ガスホール）を形成させるエメンタールタイプであったり，チェダリング・ミリング後に熱湯の中でカードを溶かして練って延ばす作業（フィラトゥーラ）を行うモツァレラなどのパスタフィラータタイプであったり，さまざまなチーズ及び製法が世界には存在します。また，冒頭で紹介したプロセスチーズやチーズフードのように，食シーンや調理目的に合わせて安定した品質のチーズを供給するために，ナチュラルチーズを再加工（ナチュラルチーズを粉砕・加熱溶融して，クエン酸ナトリウムなどの溶融塩やその他の副材料と混ぜて乳化，その後に冷却・再固化）して作られるものもあります。チーズって本当に奥の深い食品ですね！！

　皆さんは，発酵食品と聞いてどのような食べ物を思い浮かべますか？　ヨーグルト，チーズ，醤油，味噌，納豆，キムチ，はたまたお酒？　というように私たちの身のまわりには魅力的な発酵食品が数多く存在し，私たちの生活を豊かなものにしてくれています。ここでいう発酵とは微生物の働きを巧みに利用して，保存性やおいしさ等を高める技術ですが，勝手なもので，微生物の働きによって人にとって好ましくない状態になる場合を「腐敗」，一方で好ましい状態になることを「発酵」と区別しています。まさに冷蔵庫すらなかったような時代に，食材を塩に漬けて腐りにくくする"塩漬け"と同じように，貴重な食材をできるだけ安全に長く保存できるように，おそらく気が遠くなるほどの試行錯誤を繰り返しながら見出されてきた先人たちの知恵と工夫の結晶といえます。人類は古くからその発酵とうまくつき合ってきた歴史があり，世界には乳酸菌やカビ，酵母等を利用した多種多様な発酵食品が数えきれないほど存在しています。日本も例外ではなく，麹菌を使った発酵食品が日本の食文化の発展に大きく寄与しており，またそれが世界でも有数の発酵大国と目される所以でもあります。そんな発酵が盛んといわれる日本でも，欧州等では伝統的かつ広く食されている畜産物の"発酵もの"の歴史はとても浅く，現在では確固たる地位を築き，高い人気を誇るヨーグルトやチーズでさえ，わりと最近（1960年代頃）まではあまり普及していませんでした。ましてお肉を発酵させた発酵食肉製品となると，今でも一般的に目にする食品とはいえない状況にあります。余談ですが，筆者が留学で訪れたドイツでは，朝からサラミ，生ハム，ヨーグ

ルト，チーズ等，いわゆる畜産物の"発酵もの"のオンパレードで，日本もある程度洋食化が進んだものの，その違いは歴然でした（よい悪いは別として…）（**図14-1**）。

　そこでようやく本題ですが，ではその私たち日本人にあまり馴染みのない発酵食肉製品って，いったいどんなものなのでしょうか？　欧米では昔から親しまれている発酵食肉製品は，豚肉等を主原料とした食肉製品の一つですが，その製品ができるまでの過程において，乳酸菌をはじめとする微生物が積極的に関与するというところに大きな特徴があります。発酵食肉製品の代表格ともいえる発酵ソーセージを例に見ていきましょう。一般的には，塩漬してひき肉にした豚肉に，脂肪，糖類，香辛料等を添加するとともに，乳酸菌等の微生物を接種し，ケーシングという薄い膜状の袋（例：豚や羊の腸等）に詰めた後，発酵させます。欧州の伝統的な製法では比較的低温下（15〜25℃）でゆっくりと，アメリカ等で見られる近代的な製法では比較的高温（30〜40℃）で短時間の発酵が施される場合が多いとされています。その発酵期間や水分含量の違いによってドライソーセージ（水分含量：20〜30％）とセミドライソーセージ（水分含量：30〜40％）に大別されますが，特に発酵期間の長いドライソーセージは発酵の影響がより大きく，微生物の種類や温度，発酵時間等の違いによって多様性が生まれます。実は日本でも比較的ポピュラーになった生ハムも発酵食肉製品の部類に入りますし，サラミもドライソーセージの仲間ではありますが，いずれも日本で作られる製品は，欧州のそれと比較すると製造期間も短く，微生物の関与は小さいといわざる

図14-1 生ハム, サラミ, チーズ, ヨーグルト等, さまざまな畜産物の"発酵もの"で彩られたドイツの朝の食卓

図14-2 ドイツ（バイエルン地方）のお肉屋さんのショーケースの一角 日本と異なりサラミ等の発酵ものが充実している。

をえません。このように日本における肉の発酵は世界に後れをとっているといえるのではないでしょうか。その理由として, かつての法的な制約や, 気候, 食文化等の違いが挙げられますが, 平成5年に食品衛生法が一部改正され, このような製品を作りやすくなったことや, 昨今のナチュラルチーズ等の目覚ましい普及・拡大を考えると, 本格的な発酵食肉製品が私たちの生活に浸透する可能性は十分あるように思います（**図14-2**）。

　本来, 発酵食品は, 乳酸菌等の有用微生物が積極的に関与することによって, タンパク質や炭水化物等の成分が分解され, アミノ酸や有機酸等といったいろいろな代謝物が産生されることで, 保存性や特徴的な風味等が付与された付加価値の高い食品といえます。しかし発酵食品はそれにとどまらず, 人の健康にプラスに働く食品としても注目されており, ヨーグルや納豆等がそのよい例になっています。おそらく肉を発酵させる発酵食肉製品も例外ではなく, 先に例に挙げた発酵ソーセージを製造する際によく利用される乳酸菌はプロバイオティクス（**Q31参照**）としてのお腹の調子を整える効果等が期待されるだけでなく, 免疫機能の調節（**Q37, Q38参照**）等, 魅力的な機能が多く見出されており, 特定保健用食品（トクホ）や機能

性表示食品としての実用化も進んでいる素材といえます。タンパク質をおよそ20%も含む食肉中で乳酸菌が活発に生育・増殖した場合，多量に存在するタンパク質が分解され，機能性（身体に良い効果）を持つペプチドやアミノ酸が生じる可能性は十分考えられます。実際に，国内外の研究機関において乳酸菌等で発酵した食肉の機能性に関する研究がなされており，近い将来，"身体に効く"発酵食肉製品が，この世に誕生する日が訪れるかもしれません。

発酵バターってなに？

Answerer　荒川 健佑

2

乳酸菌を使った製品

　皆さんは発酵バターをご存知でしょうか。あまり馴染みがないかもしれませんが，風味が一般的な非発酵（甘性）バターよりも豊かで，発酵による酸味で後味がスッキリしているなどの理由で，一定の方々から好評を得ています。製菓・製パン店やレストランなどでは比較的使われて（個性的な風味が料理に合わないという理由で避けられる場合もあるようですが），大きめのスーパーマーケットに行けば販売されていますので，興味があったら手に取ってみてください（図15-1）。ここでは，発酵バターとは何なのか，普通のバターとは何が違うのかについて，バターの作り方から紐解いていきたいと思います。

　まずは，バターの前に，その主成分である乳脂肪と，原料となるクリームについて説明します。ホルスタイン種の牛乳には3.2〜4.7％の脂肪が含まれており，そのほとんどは直径1〜8 μm の乳脂肪球の中に含まれています。通常，水と脂肪は混ざりませんが，乳脂肪球は水に馴染みやすい脂肪球皮膜（リン脂質膜）で覆われているため，牛乳中に分散している状態（水中油滴型エマルション）で存在します。この脂肪球は牛乳1 mL当たり約150億個存在していて，搾乳後に生乳を均質化（ホモジナイズ）せずに放っておくと，比重が軽いために少しずつ浮いてきます。この浮いた上層がバターの原料となるクリームです（下層は脱脂乳）。工業的には遠心分離の原理を応用したクリームセパレーターによって連続的に分離・回収され，乳脂肪分を18％以上含むものをクリームと呼んでいます。

　次に，バターとその作り方（バッチ式）についてです。バターは，食品衛生法に基づく「乳及び乳製品の成分規格等に関

する省令」（乳等省令）において、「生乳，牛乳又は特別牛乳から得られた脂肪粒を練圧したもの」と定義され，乳脂肪分を80％以上（水分17％以下）含むことが定められています。製造の第一ステップは，原料となるクリームの脂肪分を30〜40％に調整

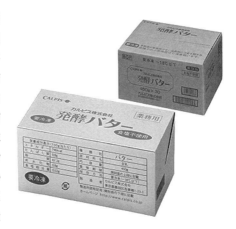

図15-1　発酵バターの商品例

し，加熱殺菌するところから始まります。殺菌条件は，75〜85℃で5〜10分間の保持，もしくは85〜95℃で15〜60秒間の熱交換が一般的です。加熱によって乳脂肪球は不安定になってしまうので，それを十分に安定化・結晶化する目的で，次に，5〜10℃で一晩クリームを冷ます「エージング」を行います。その後，クリームを専用の攪拌機（チャーン）に入れ，10℃前後で強く攪拌します。この攪拌は「チャーニング」と呼ばれ，30〜60分間行うと，小豆サイズのバター粒（脂肪粒）ができあがります。バター粒は，乳脂肪球の皮膜がチャーニングで物理的に破壊され，内部の脂肪が曝露・融合することによって作られます。この時，クリームの水中油滴型の状態から，脂肪の中に水が分散している油中水滴型の状態に相転移します。次い

で，バター粒から分離した水分（バターミルク）を除去し，チャーンに残ったバター粒を冷水（5〜12℃）で3回程度洗浄します。この水洗は，温度を下げてバター粒組織を硬くするためと，水で残存臭気を洗い流すために行われます。最後に，バター粒からさらに水分を除去し，組織を均質にするために，「ワーキング」と呼ばれる練り上げ（練圧）の工程を行って，無塩（食塩不使用）バターの完成になります。加塩（有塩）バターの場合は，ワーキングの際に1〜2％の食塩が添加されます。ここでは各工程が独立したバッチ式について説明しましたが，実際の現場では，チャーニングからワーキングまでを1台の機械（連続式バター製造機）で行う連続式が主流となっています。

　では，発酵バターはこの工程の中で何が違うのでしょうか。答えは，原料となるクリームの処理になります。最もオーソドックスな発酵バターの製造法では，殺菌したクリームに乳酸菌スターターを添加し，酸度が0.3〜0.4％になるまで20〜25℃で数時間（もしくは5〜10℃で長時間）発酵後，それをチャーニングします。より簡便には，乳酸菌で発酵した脱脂乳等をクリームと混合し，チャーニングに移行する方法もあります。これらの製法で作られた発酵バターでは，乳酸だけでなく，酢酸，ジアセチル，ラクトン類，硫黄化合物といった発酵乳・チーズ様の芳香物質が生成され，風味が複雑になります。乳酸菌スターターとしては，これら芳香物質を高産生する *Lactococcus lactis* や *Leuconostoc mesenteroides* などが多用されます。また，実践の有無は定かではありませんが，乳酸菌やそ

の発酵生成物をワーキングの段階で直接バターに練り込む方法もあるようです。

　以上が発酵バターの作り方と特徴になりますが，非発酵バターとの違いについておわかりいただけたでしょうか。歴史的に見ると，古代のバターは，自然発酵した乳（酸乳）を容器に入れて振ったり，棒でかき混ぜたりして作られていたとされています。つまり，発酵バターの方が非発酵バターよりも歴史が長いと考えるのが妥当です。その名残もあってか，世界的には乳文化が古くから根付いている欧州のような地域では発酵バターが主流で，日本や米豪のように乳との歴史の浅い国々では非発酵バターが主流と言われています。また，生乳からバターへの加工は，風味・物性の変化だけでなく，水分を除くことによる保存性向上の面もありますが，発酵は加塩と同様に，保存性をさらに高める役割を担っています。

ヨーグルトは自分で作れるの？

Answerer　木下 英樹

　結論から言うとヨーグルトは簡単に自分で作ることができます。ただし，いくつか留意点がありますので以下の点を参考に自宅でおいしいヨーグルトを作ってみてください。

ヨーグルトスターターの特徴

　自宅でヨーグルトを作るためにはヨーグルトを作る際に用いられる乳酸菌の特徴を知っておく必要があります。ヨーグルトの製造に使われる乳酸菌はブルガリア菌（*Lactobacillus delbrueckii* subsp. *bulgaricus*）とサーモフィラス菌（*Streptococcus thermophilus*）という乳酸菌で，発酵をスタートさせる菌なのでヨーグルトスターター，スターター乳酸菌，あるいは単にスターターと呼ばれます。世界保健機関（WHO）と国際連合食糧農業機関（FAO）は，この二つの菌を使って製造したものをヨーグルトと定義していますので，その定義に従うと，これら以外の乳酸菌で作ったものはヨーグルトとは呼べないことになります。ただし，各国で定義は異なり，日本ではヨーグルトという名称での定義はなく「発酵乳」というくくりで「乳及び乳製品の成分規格等に関する省令」（乳等省令）にて定義されています。そこでは特に乳酸菌の種類については限定されていません。

　ヨーグルトを作る際に知っておきたい大事な点は発酵温度です。ヨーグルトスターターは，中温菌で生育適温は40℃前後（35〜45℃）となります。そのためヨーグルトを作る際には保温できるヨーグルトメーカーが必要になります。60℃以上になると急速に死滅していきますので，殺菌後の牛乳は人肌程度

まで冷ましてからスターターを入れてください。また，カスピ
海ヨーグルトを作る場合は通常のヨーグルトと発酵温度が異な
りますので注意が必要です。カスピ海ヨーグルトに含まれる乳
酸菌はチーズの製造によく用いられるクレモリス菌
(*Lactoccoccus lactis* subsp. *cremoris*) です。この菌の生育適温は，
25〜30℃ぐらいですので季節によってはヨーグルトメーカー
を使わずに室温で作ることができます。

　また，近年よく見られるプロバイオティクスは，乳中での生
育ができなかったり，緩慢だったりします。そのため，市販の
ヨーグルトを種菌にしてもその商品と同じものができるとは限
りません（基本的にブルガリア菌とサーモフィラス菌はすべて
のヨーグルトに含まれていますのでヨーグルト自体はできま
す）。また，ビフィズス菌は酸素があると死んでしまいますの
で家庭で増やすことは難しいと考えられます。機能性も同様で，
家庭で作ったヨーグルトと市販のヨーグルトが同等の機能を
持っているとは限らないことは留意すべき点かと思います。

ヨーグルトの作り方

　ヨーグルトの作り方は非常に簡単です。殺菌と培養温度さえ
適切であれば家庭でもおいしいヨーグルトを作ることができま
す。
1．器具（容器やスプーン）の殺菌（煮沸または熱湯をかけ
　　る）。
2．牛乳の殺菌。殺菌条件はいろいろとありますが，家庭では
　　沸騰直前まで加熱するのがよいと思います。

3. 牛乳を40℃前後まで冷ました後，市販のヨーグルトか種
   菌を入れてよく混ぜる。入れる量は，1Lの牛乳に対して
   大さじ2～3杯（約30～45mL）程度で十分です。市販の
   種菌を入れる場合は付属の説明書に従ってください。
4. ヨーグルトメーカーにセットして40℃前後で数時間保温
   する。培養温度や時間によって酸味等が変わってきますの
   で好みに合う条件を探してみてください。
5. 固まったら冷蔵庫で冷却する。

　牛乳パックをそのまま入れるタイプのヨーグルトメーカーも
市販されています。その場合，牛乳は必ずしも殺菌しなくても
大丈夫ですが，必ず未開封の牛乳を使うようにしてください。
アルコール綿などで牛乳パックの開口部付近を拭き，開口部は
できるだけ小さくし，開口時間も極力短くするようにすること
で，雑菌汚染のリスクを減らすことができます。牛乳を冷たい
まま使うと乳酸菌が活発に活動する温度（40℃前後）になる
まで時間がかかるため雑菌が増える要因になります。そのため，
室温～40℃ぐらいまで事前に温めておくとよいでしょう。

　また，豆乳を使うと発酵豆乳（豆乳ヨーグルト）を作製する
ことも可能です。タンパク質含有量が少ないと十分固まらない
場合がありますので，無調整豆乳を使うとよいでしょう。もち
ろんそのまま食べてもよいですが，豆乳特有の風味が苦手な人
は，黒蜜やきな粉をかけるとおいしく食べることができると思
います。調製豆乳でも発酵はしますが，ドロドロの液体状（ド
リンクタイプ）の発酵豆乳となります。

注意事項

　発酵温度については先に述べた通りですが，家庭でヨーグルトを作る際に一番気を付けなければならないことは雑菌汚染です。牛乳が固まらなかったり，表面に色（赤色や黄色など）が付いていたり，食べた時に変な味がしたり，舌がピリピリした場合は雑菌が混入している可能性があります。その場合，廃棄したほうが無難です。

　もし種菌を繰り返し使う場合は，小さな容器で口を付けない保存用のヨーグルトを別に作っておくことをおすすめします。冷蔵庫に入れておけば数週間は保存可能です。あまり繰り返し使用すると雑菌汚染の可能性が高くなってきますので，繰り返しの使用は 2 〜 3 回ぐらいに留めておき，新しい種菌を使うことをおすすめします。

　以上の点を注意すれば，誰でも簡単に家庭でヨーグルトを作ることができます。ぜひ，自分の好みに合うヨーグルトを作ってみてください。

糠漬けと乳酸菌とは？

Answerer 古田 吉史

　米糠を自然発酵させて調製した「糠床（ぬかどこ）」に，種々の野菜を漬け込むことで作製する「糠漬け」は，乳酸菌を利用した日本特有の伝統的発酵食品の一つです。その独特の香味は他の漬物には見られないような複雑さがあります。糠漬けの発祥地は長野県の松本という説が有力ですが，同じく糠漬けが盛んな福岡県の北九州近郊では江戸時代初期から食されていたという古文書（小倉城城主の細川忠興から息子の細川忠利にあてた書簡）が残っています。また，大切な家宝の一つとして代々親から子に引き継がれたため，40年・50年を経過した糠床も珍しくなく，中には100年を超える糠床を持っている家庭も少なくありません。

　糠床を作る際の基本材料は，米糠・塩・水の三つですが，各家庭の嗜好に応じて，昆布や香辛料（唐辛子，山椒，生姜など），柑橘類の皮などを加えたりします。これらの材料を混ぜ合わせ，「食用としない野菜くず（いわゆる，捨て漬け用の野菜）を漬け込み」 ⇒ 「攪拌（床返し）」 ⇒ 「捨て漬け用野菜の交換」 ⇒ 「床返し」を繰り返すことで熟成が進みます。通常，糠床が熟成するまでには2〜3か月を要しますが，あらかじめ良好な熟成糠床を入手して，これを"種（たね）糠"として添加し発酵

図 17-1　糠漬け

を促進させる方法もあります。この期間中に，捨て漬け用野菜や米糠（種糠を使う場合には種糠から）あるいは床返しの際の人の手などを介して乳酸菌や酵母が糠床の中に入り込み，彼らにとって好ましい環境（低pH：酸性状態）を形成しながら増殖し，糠床の熟成が進んでいきます。そして，主としてこれらの乳酸菌や酵母が生成する有機酸類（乳酸・酢酸・プロピオン酸・酪酸など）やアルコール類，エステル類，ラクトン類，フェノール化合物などによって，熟成された糠床特有の芳醇で深みのある香味が醸し出されます[1]。

　糠床によって差はありますが，熟成糠床1g当たりのおおその乳酸菌数は1000万〜10億個，酵母数は100万〜1000万個で，乳酸菌・酵母ともに多種類存在します。使用する米糠や漬け込む野菜・香辛料の種類，糠床の水分量や塩分濃度，温度，床返しの頻度などによって，乳酸菌と酵母の数や種類・バランスなどが変わってきますので，形成される香味も千差万別，各メーカーや家庭間で一つとして同じ風味の糠床が存在しないのも糠床の大きな特徴です。通常，熟成糠床中のpHは4〜5程度，塩分濃度は4〜6％程度ですので，特に長年にわたって引き継がれた糠床中には，酸に強く（耐酸性）塩を好む（好塩性）乳酸菌が数多く存在していると考えられます。また，長期熟成の糠床から，バクテリオシンと呼ばれる抗菌物質を作る特殊な乳酸菌も見つかっています[2]。このような乳酸菌は，糠床中では決して目立つ存在ではないのですが，糠床中の菌全体のバランスを良好に保つための"縁の下の力持ち"的な役割を担っているのかもしれません。

　ちなみに，糠床を長く良好な状態に維持するためには，日々の「床返し」や「足し糠」も重要となります。床返しは，糠床の主役である乳酸菌と酵母（中でも糠床の表面に繁殖する酸素を好む産膜酵母）に適度な酸素を供給して，バランスの良い増殖を助けるために行います。産膜酵母が増えすぎると糠床が好ましくない匂いになりますが，床返しによって産膜酵母を糠床の奥の方に送り込めば，酸素が少ないので増殖が抑えられます。反対に，酸素の有無に関わらず生育できる乳酸菌にとっては好都合の環境となります。足し糠は，米糠を塩とともに追添加することを意味しますが，これは漬け込んだ野菜から浸み出した水分による糠床の水分量の上昇や塩分濃度の低下を防ぐ目的があります。

　栄養学的観点からは，野菜類は糠床に漬け込むことによって，ビタミン B_1，B_2，ナイアシン量が増加することがわかっています。また，糠漬け野菜は糠床から取り出した後に軽く水洗いして食するのが普通ですが（北九州の一部では糠床を洗い流すことなく食する風習もあります），水洗いした後でも野菜表面には糠床中の多くの乳酸菌が付着していると考えられます[3]。これらの乳酸菌体と野菜自体に含まれる豊富な食物繊維とを同時に摂取することによる，整腸効果や便通改善効果などが期待されます。しかしながら，糠漬け野菜は比較的塩分濃度が高い食材ですので，食べすぎには注意が必要です。

　米糠・塩・水・昆布・香辛料などの材料がそろえば，熟成するまでに多少時間はかかりますが，初心者の方でも一からオリジナルの糠床を作製することは難しいことではありません。さ

まざまな旬の野菜を漬け込み，その特有の香味をお楽しみください。

参考文献 1) 今井正武，平野 進，饗場美恵子：日本農芸化学会誌，**57**，1113-1120 (1983).
2) 善藤威史，中山二郎，園元謙二：バイオサイエンスとインダストリー，**61**，597-602 (2003).
3) 古田吉史，田中貴絵，甲斐達男：日本生物工学会大会講演要旨集，p227 (2017).

ワインと乳酸菌？

Answerer 柳田 藤寿

ワインの造り方

　ワインとは，ブドウを原料とした醸造酒で，ブドウが自然に
つぶれ，その果汁に酵母が生育して発酵し，アルコールを含む
飲料になったものがワインの原型と言われています。

　一般的な赤ワインの醸造では，成熟し糖度が十分になった頃
に収穫したブドウ（果皮の黒い品種）を房のまま除梗機でブド
ウの梗（枝のような部分）を除き，果粒などを破砕します。果
汁，果皮，種子とともにタンクに入れ，ワイン酵母を加え，発
酵させます。アルコール発酵が進むに従って，果皮から色素や
タンニン（渋味の成分）が抽出されます。その後，圧搾機にか
けて果固形分を取り除きます。アルコール発酵の終わったワイ
ンは，次に乳酸菌によるマロラクティック発酵（Malolactic
fermentetion：MLF と略す）を起こさせます。その後，樽に移
して，数年樽熟成をさせてから，ろ過処理により不純物を取り
除いて，ビン詰め，ビン熟成をさせてから出荷します。

ワイン酵母について

　ワイン醸造のアルコール発酵に利用される酵母を，ワイン酵
母と言います。高等な微生物の一種で，カビやキノコの仲間で
す。ワイン酵母は発酵力に優れ，かつ良い風味のワインを造る
能力を有する酵母が選抜されて使用されます。アルコール発酵
には，ワイン酵母（サッカロミセス・セレビシエ）が使用され
ます。仕込みに際して，市販されている乾燥酵母をブドウ果汁
に加えます。このワイン酵母は，速やかに増殖して，果汁中の
糖分（グルコース，フルクトース）をアルコールと炭酸ガスに

分解します。

ワインと乳酸菌

　「ワインの造り方」で少し触れたように，ワイン醸造にも乳酸菌が使われています。ただし，この乳酸菌は，ヨーグルトを作る乳酸菌とは，性質が異なっています。ヨーグルトに利用される乳酸菌は，乳糖（ラクトース）を発酵できますが，ワインづくりに使用される乳酸菌の代表的な菌株は，乳糖を発酵することができません。ワイン中の乳酸菌はブドウ果汁やワイン中の主要な有機酸の一つであるリンゴ酸を，乳酸と二酸化炭素に変換する反応に関与しています。この作用はマロラクティック発酵（MLF）と呼ばれ，高酸度ワインの酸味をまろやかにする減酸化（MLFによって2価のリンゴ酸が1価の乳酸に代謝される），芳醇な香味の増強，微生物学的な安定化に有効であり，一般に赤ワインの二次発酵として見られます。このように乳酸菌はワイン醸造に大きく関与しているため，高品質あるいは多様な品質のワイン醸造には，必要な菌です。この作用によってワインが一層おいしくなります。

ワイン醸造における乳酸菌

　ワイン醸造における乳酸菌の遷移は，発酵初期（かもし発酵からアルコール発酵中）に，添加した亜硫酸や酵母により生産されるエタノール及び阻害物質（脂肪酸）の影響で乳酸菌の増殖阻害が見られ，乳酸菌数は減少します。アルコール発酵終了後に酵母の自己消化によるビタミン，アミノ酸，ペプチドの溶

出により乳酸菌数が増加して MLF が発生します。MLF に関与する乳酸菌として主となるのは，球菌のエノコッカス・エニと桿菌のラクトバチルス・プランタラムです。

マロラクティック発酵能

乳酸菌による MLF の経路については，リンゴ酸を直接脱炭酸して乳酸を生成するマロラクティック酵素経路です。ワイン中で MLF が生起する時の，ワインの pH が3.3付近であり，補酵素の NAD^+ と金属イオンの Mn^{2+} を必要とします。

MLF に対する各種要因の中で，最も影響する要因は亜硫酸と pH です。亜硫酸については，果もろみへの過度の添加がアルコール発酵終了後の MLF 菌の生育を遅らせたり，MLF 生起のための菌数（10^6cells/ml）に達しないなどの影響が現れます。阻害を受ける亜硫酸量は約30〜50ppm ですが pH，アルコール濃度など他の条件も関与するので，これらの影響も考える必要があります。

MLF 生起にとって pH は重要な因子の一つですが，pH3.3〜3.5を境にして低い場合は生起せず，pH が高くなるに従って生起する傾向にあります。温度との関係は，MLF の最適温度が15〜20℃であると報告されています。アルコール濃度と MLF の関係は，ワイン中の最終アルコール濃度（9〜

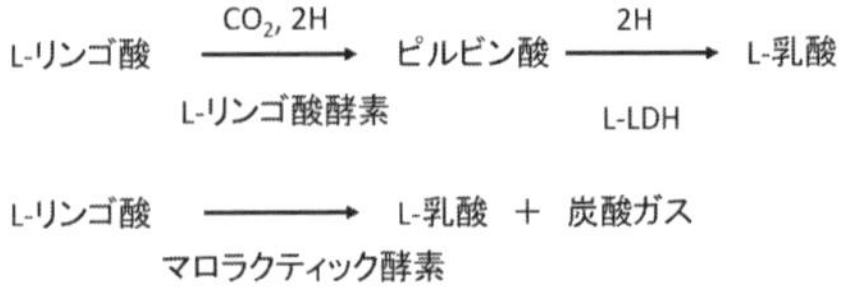

L-リンゴ酸 $\xrightarrow[\text{L-リンゴ酸酵素}]{CO_2, 2H}$ ピルビン酸 $\xrightarrow[\text{L-LDH}]{2H}$ L-乳酸

L-リンゴ酸 $\xrightarrow[\text{マロラクティック酵素}]{}$ L-乳酸 ＋ 炭酸ガス

図 18-1　乳酸菌によるMLFの経路

13％）ではあまり影響がないとされていますが，一般に乳酸菌は低濃度のアルコール条件下でよく生育します。

MLF スターターカルチャー（培養乳酸菌）について

ワインにおける MLF 菌は木樽や，工場などの醸造設備の中に住み着いており，ワインの仕込みを行った時に MLF 菌が発酵もろみの中に入り，自然に MLF を生起させていました。しかし，ステンレスタンク等の醸造設備の使用や，衛生管理の徹底，醸造技術の進歩などにより，自然の MLF の生起が少なくなりました。これらの理由から，スターターカルチャーの研究が進み多くの優良菌株の研究が行われるようになり，乾燥粉末乳酸菌の市販品（ラルバン社，クリスチャンハンセン社）が使用されるようになりました。

このように，ワイン醸造においても，乳酸菌が活躍しています。

乳酸菌はなぜ牛乳が好きなの？

Answerer　荒川 健佑

　　乳酸菌というと，多くの方がヨーグルトやチーズといった発酵乳製品をイメージされるでしょう。そこから，「乳酸菌は牛乳を好きで発酵している」と考える人も少なくないと思います。しかし，結論から言うと，それはちょっと誤解です。「乳酸菌が牛乳を好き」というよりも，「牛乳を好きな乳酸菌がいる」もしくは「一部の乳酸菌は牛乳を好き」と言った方が正確だからです。

　　長年の乳酸菌研究の蓄積から，乳酸菌は牛乳以外にも生体内や土壌・海洋中など，さまざまな環境に棲息することがわかっています。また，近年の分子生物学や分析技術の急速な発展により，乳酸菌は分類学上，37属460種以上にも分けられることが定義されています。このうち，牛乳が好きで，乳中で良好に生育する乳酸菌は，ラクトバチルス属，ラクトコッカス属，ロイコノストック属，ペディオコッカス属，ストレプトコッカス属などに属するほんの数十種のみで，それ以外の乳酸菌はあまり牛乳が好きではないことが知られています。ただし，その数十種に属する乳酸菌それぞれがさまざまな個性を持ち，そのおかげで発酵乳製品の風味や食感の多様性が生まれている事実は確かで，その意味では牛乳好きな乳酸菌は少なくないとも言えます。

　　では，なぜ牛乳を好む乳酸菌と，そうでない乳酸菌がいるのでしょうか。その要因は，「ワガママな乳酸菌」と「牛乳の特殊性」で説明できます。乳酸菌は，生きていくためにさまざまな栄養素を必要とします。大腸菌や枯草菌は栄養の乏しい環境でも生きていけますが，乳酸菌は栄養に富んだ環境でしか生き

ていくことはできません。すな
わち，乳酸菌は「ワガママ」で，
よく言えば「グルメ」なのです。
これは，ゲノムの大きさ（＝遺
伝子の多さ＝代謝酵素の多さ）
と関係しています。大腸菌と枯
草菌のゲノムサイズはそれぞれ
4.5〜6.0及び3.9〜4.3Mb程度
ですが，乳酸菌では1.8〜3.3Mb
ほどの大きさしかありません。
つまり，それだけ代謝酵素のバ
リエーションが乏しいと言え，
多くの栄養素を体外から吸収し
なければならないのです。前述
の通り，乳酸菌には数多くの種
が存在し，多様な環境に棲息し
ていますが，環境ごとに含まれ
る栄養分は異なるので，環境ご
とに存在する菌種や代謝上の特
徴は異なっています。要は，牛
乳には牛乳の栄養成分（**表
19-1**）に合った乳酸菌がいると
いうことです。

表19-1　牛乳（ホルスタイン種：
100g）の栄養組成（文部科学省
「食品成分データベース」から抜
粋・改変）

タンパク質	3.3 g
脂質	3.8 g
炭水化物	4.8 g
無機質	
ナトリウム	41 mg
カリウム	150 mg
カルシウム	110 mg
マグネシウム	10 mg
リン	93 mg
鉄	0.02 mg
亜鉛	0.4 mg
銅	0.01 mg
ビタミン	
ビタミンA(レチノール当量)	38 µg
ビタミンD	0.3 µg
ビタミンE(α-トコフェロール)	0.1 mg
ビタミンK	2 µg
ビタミンB$_1$(チアミン塩酸塩相当量)	0.04 mg
ビタミンB$_2$	0.15 mg
ナイアシン(ナイアシン当量)	0.9 mg
ビタミンB$_6$(ピリドキシン相当量)	0.03 mg
ビタミンB$_{12}$(シアノコバラミン相当量)	0.3 µg
葉酸	5 µg
パントテン酸	0.55 mg
ビオチン	1.8 µg
ビタミンC	1 mg

　それでは，牛乳に合った乳酸菌とはどういうものでしょうか。
牛乳は栄養が豊富で，完全栄養食品と言われるくらいなので，

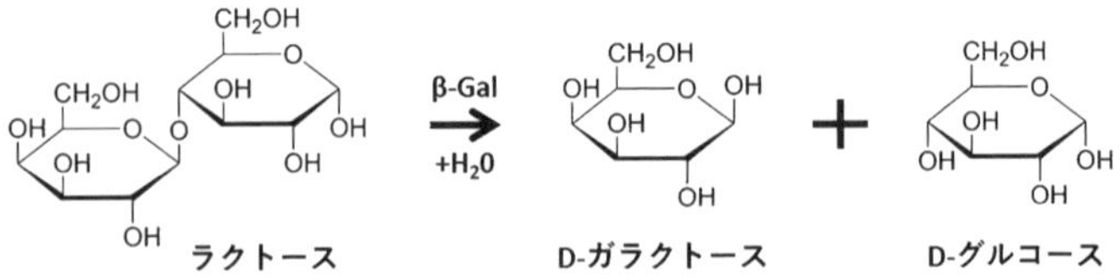

図19-1 ラクトースの構造とβ-ガラクトシダーゼ（β-Gal）による加水分解

どんな乳酸菌も生育できそうな気がしますが，そのようなことはありません。それが「牛乳の特殊性」です。牛乳には，糖質が4.4〜4.8％含まれていますが，その99.8％がラクトース（乳糖）と言われる糖質になります。ラクトースは，天然には哺乳動物の乳にしか存在しない特別な糖質で，単糖のガラクトースとグルコース（ブドウ糖）が結合した二糖になります（**図19-1**）。この結合はβ1-4結合と言われ，乳酸菌がラクトースを栄養源（エネルギー源）として利用する場合には，この結合をβ-ガラクトシダーゼ（ラクターゼ）もしくはホスホ-β-ガラクトシダーゼと言われる酵素で切断して，単糖を得なければなりません（ほとんどの乳酸菌はグルコースが大好きです）。しかし，乳酸菌でこれらの酵素を持っているものは限られているため，結果的に，ラクトースを利用できる乳酸菌，すなわち，牛乳を好きな乳酸菌はそれほど多くないということになります。

　また，多くの乳酸菌の生育を困難にしている「牛乳の特殊性」がもう一つあります。それは，牛乳中にアミノ酸とペプチドがほとんど含まれないことです。アミノ酸もペプチドも体の構成や維持・動作のために必要なタンパク質の原料となりますが，牛乳には乳酸菌の生育を満たすほど含まれていません。一方，タンパク質そのものは牛乳中に3.1〜3.7％含まれていますが，タンパク質は分子が大きすぎて，乳酸菌がそのまま取り込むことはできません。そこで，乳酸菌は，牛乳タンパク質からペプチドないしアミノ酸を菌体の外側で切り出して，菌体内

に吸収して利用することになります。そのタンパク質の切り出しに使われる酵素が菌体外プロテアーゼと言われるものになります。しかし，乳酸菌のすべてがこの酵素を持っているわけではなく，むしろ，持っている乳酸菌は一部で，チーズやヨーグルトの製造に用いられる牛乳好きの乳酸菌はこれを備えていることがわかっています。

　以上のことから，乳酸菌のすべてが牛乳を好きなわけではなく，ラクトースと牛乳タンパク質を分解・利用できる一部の乳酸菌のみが牛乳中で良好に生育できる，すなわち，牛乳が好きということがわかってもらえましたでしょうか。ただし，ラクトースや牛乳タンパク質を分解・利用できなくても，牛乳中でうまく生育できる裏技はあります。それは，ラクトースやタンパク質を分解できる乳酸菌と一緒に暮らせばいいのです。そうすれば，それら分解能を持つ乳酸菌がグルコースやペプチドを分けてくれます。物々交換だって可能です。実際に，世界の伝統的な発酵乳の中には，ラクトースは分解できるけどタンパク質を分解できない乳酸菌と，その逆の乳酸菌が一緒に暮らして，物々交換（共生）している例は少なからず報告されています。

日本酒造りに乳酸菌はどんな役割を果たすのですか？

Answerer　高橋 俊成

　　日本酒造りで主に活躍する微生物は麹菌と酵母です。麹菌は米麹として利用されます。原料のお米を蒸したのち，麹菌の胞子をふりかけ，蒸米の周りに麹菌を増殖させて米麹を作ります（**図20-3**）。一方，酵母は蒸米，米麹及び水を原料として純粋培養を行います。この工程を酒母づくりと言います。米麹は原料である蒸米のデンプンをブドウ糖に分解（糖化）し，酵母はアルコール発酵によりブドウ糖からエタノールを作り出します（**図20-1**）。日本酒の製造方法がワインやビールの製造と大きく異なる点は，糖化とアルコール発酵を一つのタンクで同時に行うところです。

　　それでは日本酒造りに乳酸菌はどのように関わっているのでしょうか。それを知る手掛かりが酒母づくりにあります。酒母は酛とも呼ばれ，製造方法の違いから，生酛と速醸酛に大別されます。速醸酛は，蒸米，米麹，水の原料の仕込み時に酵母と醸造用乳酸を添加します。乳酸を添加することで，雑菌汚染を防止するための酸性環境が整います。酵母は酸性環境に強いため，このような環境下でも増殖することができ，約12日で培養が完了します（**図20-2**）。したがって速醸酛では酵母以外の

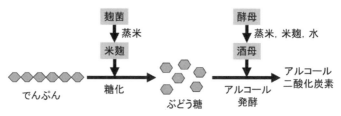

図20-1　並行複発酵による日本酒造り

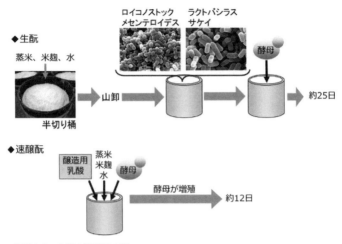

図 20-2　生酛と速醸酛の違い

微生物はほとんど関与しません。このような速醸酛は微生物の存在がわかった明治時代に確立され，簡便かつ確実に酵母を培養できることから，現在の酒母づくりの大半を占めるようになりました。

　一方，生酛は微生物の存在を知らない江戸時代に確立されました。生酛では，まず半切り桶と呼ばれるたらいのような木製の桶に，蒸米，米麹，水のみを仕込みます。酵母や乳酸は添加しません。翌日，山卸（やまおろし）と呼ばれる原料をすりつぶす作業を行います（図20-4）。山卸を行うことにより，原料の均一化を図り，雑菌汚染の温床となる水や空気の溜まりをなくします。山卸が終わると，半切り桶数枚を一つのタンクにまとめ，6〜7℃の低温で数日間，乳酸菌の増殖を待ちます。やがて，半切り桶などの木製道具を住み処とするロイコノストック・メセンテロイデス（*Leuconostoc mesenteroides*）が生育を始めます。その後，加温操作により生酛を温めると増殖速度が増す一方，ラクトバ

図20-3　麹づくりの様子　　　　図20-4　生酛づくりの様子

シラス・サケイ（*Lactobacillus sakei*）が増殖を始め，最後には
ラクトバシラス・サケイがロイコノストック・メセンテロイデ
スの数を上回ります。この乳酸菌の増殖過程では乳酸発酵が盛
んになり，作り出された乳酸によって他の微生物の増殖を抑え
ます。こうして生酛中の主要な微生物として乳酸菌が天下統一
を果たします[2]。しかし，新たな敵が現れることになります。雑
菌汚染を防止できる環境が整ったところで，酵母を添加するの
です。なお，現在でも昔のように蔵に住みついている酵母の増
殖を待つ蔵元もあります。はじめは酵母の菌数は乳酸菌に到底
及びません。しかし，酵母が増殖を始めると，アルコール発酵
によりエタノールを作り出します。生酛中で増殖する乳酸菌は
エタノールに弱いため，酵母の増殖とともに乳酸菌は死滅し，
最後は酵母が天下統一を成し遂げるのです（**図20-2**）。乳酸菌
は酵母を支える影の立役者だったのです。

　このように生酛においては戦国時代さながらの戦いが日々繰
り返されているのです。微生物の存在を知らない江戸時代に，
乳酸菌の力を借りて酵母を純粋培養する方法を確立したという
のは驚くべきことで，まさに世界に冠たる日本発のバイオテク
ノロジーだと言われています。

参考文献　1）和田美代子著，高橋俊成監修「日本酒の科学」，講談社（2015）
　　　　　2）増田康之，野口智子，高橋俊成，井口　純，大澤　朗，溝口晴彦：生
　　　　　　物工学，**90**，1-7（2012）

　乳酸菌は，ヨーグルトやチーズの他にも，日本人が昔から親しんできた和食に欠かせない味噌や漬物にも入っています。発酵乳と同様に，乳酸菌で発酵させることで，雑菌の繁殖が抑えられるため，栄養豊富な豆や野菜を長期間保存することができます。さらに，乳酸菌が糖分やタンパク質を分解して，たくさんのうま味成分や香り成分を作り出すため，発酵食品独特の複雑で奥深い風味も付与されます。味噌と漬物，それぞれが作られる過程で，乳酸菌がどのような働きをしているか見てみましょう。

　味噌づくりにおける乳酸菌は，“名脇役”として働きます。ヨーグルトやチーズづくりでは，乳酸菌による発酵が主ですが，味噌づくりでは，まず，麹菌の働きで原料の大豆や米のタンパク質や糖の分解が進み，味噌のうま味や甘味が作られます。その後，酵母の働きで，さらに多くのうま味成分や香り成分が作られます。この麹菌と酵母の連携プレーに乳酸菌が加わると，乳酸菌が作り出す乳酸などにより，味噌の味が引き締められ，また，塩なれ効果や大豆独特のにおいをやわらげることで，味噌がよりまろやかな風味になります。さらに，味噌の発酵や熟成の過程では，アミノ酸と糖分が反応することで褐色の成分が作られ，この反応が進むほど味噌の色は濃くなりますが，乳酸菌が作る乳酸により，この反応が抑えられ，味噌の色を明るく仕上げる効果もあります[1]。通常，味噌のように塩分濃度が高い環境は，浸透圧で菌体内の水分が奪われてしまうため，乳酸菌の生育には適していません。そのため，耐塩性という塩分を菌体外に排出する仕組みが備わった種類の乳酸菌が最も優勢に

なります。各家庭で昔ながらの製法で作られている味噌は，原料や樽に付着した乳酸菌が入り込むので，味噌づくりにおいて乳酸菌は必然的に関わってきますが，近年，工業的に作られている味噌の中には，品質を安定させるため，あえて乳酸菌を添加しないようにしたり，特定の種類の乳酸菌を一定量添加して作られるものもあります。

　次に，漬物づくりにおける乳酸菌の働きを見てみましょう。漬物と一言でいっても，たくあん漬けや，乳酸菌で発酵させた糠床に野菜を漬け込む糠漬け，長野県の木曽地方で古くから食されている赤かぶの葉を発酵させた「すんき漬け」（**Q27参照**）など全国各地の特産物やその土地の風土を活かしたさまざまな種類があります。すんき漬けを除き，漬物が作られる工程では，食塩が加えられます。食塩が加わることで生じる浸透圧により，野菜の細胞から浸出した栄養分が乳酸菌や酵母の栄養素となります。乳酸菌と酵母による発酵が進むことで，独特の酸味やうま味，香りを有する漬物ができあがります。ドイツの漬物ザワークラウトや，韓国の漬物キムチも，同様に食塩を加えた後，発酵して作られます。一方で，すんき漬けは，食塩を使わない独特の製法で作られる漬物で，塩を確保するのが難しい山間部で野菜を保存する知恵として考えられたといわれています。食塩を使わない分，雑菌の増殖を抑えるためには発酵の初期から乳酸菌を一気に増やす必要があるため，前に作ったすんき漬けを一部とっておいて，次に作る時にそれを種にして漬け込みます。

　ヨーグルトやチーズ，味噌，漬物の他にも，乳酸菌の発酵を

表 21-1　乳酸菌の発酵を利用して作られる食品の例

原料	発酵食品
乳	ヨーグルト，チーズ，乳酸菌飲料
野菜・豆・穀物	味噌，糠漬け，すんき漬け，らっきょう漬け，キムチ，ザワークラウト，サワーブレッド，日本酒（山廃仕込み）
茶葉	碁石茶，阿波晩茶
魚	なれずし
肉	発酵ソーセージ

利用した発酵食品はさまざまあります。その一部を**表21-1**に示しました。植物を原料とする発酵食品で意外なところでは，茶葉を発酵させた乳酸発酵茶というものがあり，日本では，高知県や徳島県の一部の地域で生産されています。もともと中国雲南省の少数民族が作っていた酸茶が，タイやミャンマーに伝播し，その後，日本に伝えられたとされています。植物以外の原料から作られるものには，滋賀県の琵琶湖周辺で食される鮒寿司を代表とする "なれずし" があります。新鮮な魚に塩や香辛料などを振り，重しをのせて漬け込むことで，数か月から数年もの間，魚を保存すること可能になります。このように，乳酸菌の発酵食品は，食材の保存性の向上と風味の向上という大きな利点ゆえに，世界各地で伝統的に根付いており，食文化の形成に密接に関わってきたといえます。

参考文献　1) Food Sct. Technol. Res, **9** (1), 17-24, 2003 Takumi ONDA et. al

乳酸菌が多く含まれる糠漬け

食品に含まれる乳酸菌

チーズに使われている乳酸菌は？

Answerer　加藤 祐司

　チーズの製造には，乳を発酵させるためにスターター（種菌）として乳酸菌を使用します。スターターは，乳酸菌の至適温度（最も活動しやすい温度）による分け方が大変重要で，中温菌（メソフィラス）と，高温菌（サーモフィラス）という二つに大きく分けられます。中温菌が最も活動するのは30〜34℃，高温菌は40〜45℃で一番元気に活動をします。中でもストレプトコッカス・サーモフィラスと呼ばれる乳酸菌は，例外的に50℃でも増殖し，最高温度は52℃です。使用する乳酸菌の違いによって違うチーズができますが，同じ乳酸菌を使っても異なる味わいのチーズができるのは，面白くて不思議なところです。

　作りたてから食べられるフレッシュチーズの代表で"チーズのお餅"といわれるモツァレラは，前述の例外的な高温菌のストレプトコッカス・サーモフィラスを使って作ります。レンネットと呼ばれる凝乳酵素と乳酸菌を使用して作製したカード（凝乳）を，75℃以上の湯の中に入れストレッチング（伸ばす）と畳む操作を繰り返します。モツァレラの語源は，イタリア語のモッツァーレ＝引きちぎるからきていますが，引きちぎって丸めたものがモツァレラです。丸めて口を絞りきんちゃく型にしたものはカチョカバロで（**図22-1**），細長く引き伸ばしたところでカットしたものは，裂いて食べるストリングチーズ（**図22-2**）となります。熟成の必要がないので，日本国内でも大手をはじめ手づくりチーズとして各地で作られるようになっています。モツァレラの製造に使用するサーモフィラス菌は，1種ではなく数種類あり，ファージ対策（後述）として数種を混

図22-1　カチョカバロ

図22-2　ストリングチーズ

合して使用します。混合する菌の一つに EPS（Exo Poly Saccharides：菌体外多糖）を生成するサーモフィラス菌を使うと，物性の改良に役立ちます。

　この高温菌のストレプトコッカス・サーモフィラスとラクトバチルス・ブルガリカスは，チーズだけでなく，発酵乳・ヨーグルトの製造に使用されるようになりました。ちなみに日本では，発酵乳1 mL の中に乳酸菌が1000万個あるものをヨーグルトといいます。

　トムとジェリーなどでお馴染みの穴の開いたチーズのエメンタール（**図22-3**）は，ラクトバチルス・ヘリベチカスとプロピオン酸菌を使用して作られ，100kg 前後の重さがある世界で最も大きなチーズです。熟成させているうちに炭酸ガスが発生したものが溜まって1～数 cm の穴ができ，これを"チーズアイ"といいます。カットした時，運が良ければ穴の中に水滴が溜まっているのが見られることがありますが，これはチーズの涙といわれています。

　イタリアを代表するチーズで"チーズの王様"といわれるパルミジャーノレジャーノ（**図22-4**）も，ラクトバチルス・ヘリベチカスを使用します。レジャーノと付くものは，1年以上の熟成と D.O.P. という原産地名称保護制度の厳しい基準に合

図22-3 エメンタール

図22-4 パルミジャーノレジャーノ

格したもので，側面に刻印が押されています。大きさは40kg
ほどある大型のチーズです。このレジャーノの製造方法は，今
でも門外不出となっています。同じ形をしたグラナパダーノと
いうチーズはレジャーノより生産量も消費量も多く，"キッチ
ンハズバンド"と称されイタリアではどこの家庭の冷蔵庫にも
あって，こちらもD.O.P.認定で刻印があります。

　チーズの製造に一番幅広く使用されるのは，中温菌の①ラク
トコッカス・ラクチス，②ラクトコッカス・クレモリス，③ラ
クトコッカス・ジアセチラクチス，④ロイコノストック・クレ
モリスの4種類です。この4種の菌を混合したものを4種混合
菌（DLカルチャー）といい，主にゴーダ等のセミハード系の
チーズに使用されています。デンマークのチーズづくりでは，
1880年頃からこの4種混合菌をバルクスターター（種菌から
培養して増やす）としてチーズを製造している工場同士で貸し
借りや，売買をしていました。現在この4種混合菌は，チーズ
製造用のバルクスターターあるいは簡便に使用できるダイレク
トスターターとして乳酸菌製造メーカーから世界中に販売され，
使用されています。

　長い間この4種混合菌は一つの集合体として認知されており，

誰も分離できるとは考えていませんでした。現在イタリアの
SACCO社だけが4種類の単菌に分離することができます。乳
酸菌を使ってチーズやヨーグルトなどの発酵食品を作っている
と，乳酸菌が細菌に感染して発酵不全が起こることがあり，こ
れをファージによる感染といいます。4種類の単菌に分けるこ
とが可能になったことによりファージに対して効果的な対応が
可能となりました。この対策とは四つに分離した菌の中から
ファージに侵された菌を取り出して，ロブストすなわちファー
ジに侵されないように強くして再び元の4種混合に戻す技術で
す。SACCO社のファージ対策技術は，今日幅広く利用されて
います。

ヨーグルトに使われている乳酸菌は何が違うのか？

Answerer　川井　泰

3
食品に含まれる乳酸菌

　私たちの身のまわりには，多数の微生物が暮らしています。中でも，人類と関係が深い菌と言えば乳酸菌（糖を利用してエネルギーを獲得し，不要な乳酸を排出する）が有名ですが，乳酸菌にもたくさんの種類があります。ヨーグルトに使われる乳酸菌は，これまでに記述されているブルガリア菌やサーモフィラス菌などのヨーグルト製造に使用される乳酸菌（スターター乳酸菌）と，ビフィズス菌（乳酸以上に酢酸を作るために厳密な定義では乳酸菌ではありませんが，ここでは乳酸菌のなかまとして紹介します）やガセリ菌などのプロバイオティクス（腸内フローラのバランスを改善することにより，ヒトなどの宿主に有益な作用をもたらす生きた微生物）として添加される乳酸菌に大きく分けられます（**表23-1**）。ここでは，これら乳酸菌の違いについてお話をします。

　はじめに，スターター乳酸菌であるブルガリア菌やサーモフィラス菌は，国際規格のヨーグルトとして定義され，実際に使用されていることは，これまでに説明した通りです（**Q12参照**）。「なぜ，両菌なのか？」の理由についてはいくつかありますが，ブルガリア菌とサーモフィラス菌の併用でさわやかな風味を持った，私たちが慣れ親しんだヨーグルトらしいヨーグルトになることが挙げられます。また，少々奥深くなりますが，ブルガリア菌とサーモフィラス菌は，乳中でお互いの生育に有利な物質を生産して協力し合う関係（共生関係）があります。一般的には，サーモフィラス菌から生成されたギ酸はブルガリア菌の生育を助け，ブルガリア菌のタンパク質分解酵素は乳タンパク質を分解してペプチドやアミノ酸を生成して

サーモフィラス菌の生育を促進することが知られています（ **Q46参照** ）。特に最近ではサーモフィラス菌により生成されたギ酸以外の有機酸，二酸化炭素，脂肪酸などもブルガリア菌の生育向上に関与することがわかっています。面白いことに，ブルガリア菌やサーモフィラス菌にも，私たちと同様にそれぞれ個性があり（識別した各菌のことを菌株と呼びます），組み合わせにより風味が大きく異なることが知られています。また，産業界ではおいしいヨーグルトを製造するために各菌（菌株）の選抜と組み合わせを試験し（共生が認められない場合も多々あります），発酵速度を速めることで光熱費の削減「時短・低コスト化」を実現しているメーカーもあります。余談ですが，乳タンパク質を分解する能力が低いサーモフィラス菌のみで作製したヨーグルトは牛乳テイストの滑らかな組織となり，ブルガリア菌のみの場合はトマトのような風味を持ったヨーグルトになります。

　続いて，ブルガリア菌やサーモフィラス菌以外のヨーグルト製造用乳酸菌ですが（ **表23-1** ），純粋にヨーグルトとしては日本ではまあり馴染みがないかもしれません。それには，ヨーグルトやチーズなどの発酵乳は欧米で発展してきたことが理由の一つで，これらの乳酸菌で製造したヨーグルトはチーズ様風味がするなど（実際，ラクチス菌やクレモリス菌はチーズスターターです），日本人は別の味わいを感じることになります。機会があれば，各種試食をしていただけると幸いです（百聞は一見にしかず）。

　最後に，ヨーグルト製造ではなく，ヒト腸管内で機能を発揮

表 23-1　ヨーグルト製造に使用・添加される乳酸菌

菌種	俗称	一部の菌株に研究されている機能性
ヨーグルト製造用乳酸菌（国際規格）		
Lactobacillus delbrueckii subsp. *bulgaricus*	ブルガリア菌	菌体外プロテアーゼ，多糖生産
Streptococcus thermophilus	サーモフィラス菌	ギ酸生産，皮膚機能改善
ヨーグルト製造用乳酸菌（その他）		
Lactobacillus acidophilus	アシドフィラス菌	抗アレルギー
Lactobacillus casei	カゼイ菌	免疫賦活能，抗変異原性，抗ガン等多数
Lactobacillus helveticus	ヘルベティカス菌	タンパク質高分解能，抗高血圧
Lactococcus lactis subsp. *cremoris*	クレモリス菌	免疫賦活能，多糖生産，美肌効果
Lactococcus lactis subsp. *lactis*	ラクチス菌	タンパク質高分解能
Leuconostoc mesenteroides subsp. *cremoris*	クレモリス菌	多様な芳香成分生産
プロバイオティック乳酸菌		
Bifidobacterium 属	ビフィズス菌	各種，各菌株に多様な免疫賦活能
Lactobacillus brevis	ブレビス菌	免疫調節能，NK 細胞活性化能
Lactobacillus gasseri	ガセリ菌	抗ピロリ菌，抗肥満，免疫賦活能
Lactobacillus johnsonii	ジョンソニー菌	抗ピロリ菌，胃酸・ガストリン産生抑制
Lactobacillus paracasei	パラカゼイ菌	抗アレルギー，免疫賦活能
Lactobacillus reuteri	ロイテリ菌	口腔内フローラ改善，ロイテリン生産
Lactobacillus rhamnosus	ラムノサス菌	アトピー低減，風邪予防

3　食品に含まれる乳酸菌

することを期待されてヨーグルトに添加されるプロバイオ
ティック乳酸菌です。実際のヨーグルト製造では風味の面から
は不向きですが，よく聞く名前もあるのではないでしょうか。
2000年頃までは整腸作用が主な機能でしたが，研究が進展し
ている現在では，多数の有用な機能性乳酸菌が発見され，今後
もヨーグルトなどの食品に利用されていくと予想されます。

　ここまでヨーグルトに使われる乳酸菌について説明をしてき
ましたが，上記以外の乳酸菌でもヨーグルトを作れるのでは？
と思われるかもしれません。実際，ヨーグルトを作ることがで
きる乳酸菌は他に存在すると思います。しかし，発酵の歴史は
古く，長い年月をかけて先人たちは自然に適切な乳酸菌を選抜
して使用してきた経緯がありますので，安全性とおいしさでブ
ルガリア菌とサーモフィラス菌を凌駕する乳酸菌はなかなか見
つからないでしょう。

ヨーグルト以外に乳酸菌はどんな食品に含まれている？

　乳酸菌と言えばすぐに思いつくのはヨーグルトですが，これまでの項で述べてきたチーズや乳酸菌飲料，ワイン，その他にもさまざまな食品の製造に利用されています。食品の加工・発酵に利用される乳酸菌には，①糖を分解して乳酸を作りpHを下げ，風味を良くする，②pHを下げることで雑菌の繁殖を抑え保存性を良くする，③整腸作用などのさまざまな保健機能をもたらす，などの働きがあります。

　朝鮮半島にはマッコリというお酒があります。これは米を発酵させたものですが，日本酒とは違い，ろ過をしていないために見た目は白く濁っています。マッコリは，酵母によるアルコール発酵だけでなく，乳酸菌による乳酸発酵を行っているため，さわやかな酸味があるのが特徴です。馬の飼育が盛んなモンゴルには，アイラグと呼ばれる馬の乳から作られたお酒，馬乳酒があります。馬乳酒の発酵で活躍するのも酵母と乳酸菌で，乳酸菌が乳に含まれる乳糖という糖を分解し，それと同時に酵母がアルコールを作り出すと考えられています。乳から作られるお酒は世界的にも珍しく，遊牧が行われているモンゴルならではの飲み物といえるでしょう。乳酸菌はサワーブレッドと呼ばれるパンの製造にも関わります。普通のパンは酵母が主に活躍し，酵母が作る炭酸ガスにより生地に気泡を含ませ，焼いた時にふっくらとした食感を生みます。サワーブレッドのパン種には，酵母とともに乳酸菌が含まれています。乳酸菌と言っても種類は多様で，乳酸菌がエネルギーとして利用できる糖の種類が異なります。サワーブレッドに用いられる乳酸菌は，小麦粉に含まれる麦芽糖（マルトース）を分解して乳酸を作ること

によって pH が低下し，パンの日持ちを良くすることに寄与しているのです。

　日本人の食生活を古くから支えてきた漬物や味噌，糠漬けなどの発酵食品にも乳酸菌が関わっていることはよく知られています。醤油もその一例です。醤油の熟成に関わる乳酸菌は醤油の塩分に耐える性質を持っており，高い塩分濃度の中でも乳酸を作り，醤油に酸味をもたらします。ただし，醤油は発酵・熟成後に火入れ（殺菌）を行うため，私たちが手にする醤油には生きた乳酸菌は含まれていないものがほとんどです。その他の調味料にも乳酸菌が関わるものがあります。あまり知られていませんが，ソース（ウスターソースや中濃ソースなど）にも，乳酸菌が使われている例があります。ソースの原料であるトマトなどの野菜のエキスを乳酸菌で発酵させ，さらに醸造酢やスパイスなどと混合・熟成されて，まろやかな酸味が加わり風味に奥行きを持たせています。ここで利用される乳酸菌は，野菜の発酵に適した菌が使われています。鹿児島には，「福山酢」と呼ばれる黒酢が約200年にわたって作られています。この福山酢では，野外に置いた壺の中で米と麹を原料として発酵・熟成を行うという伝統的な製法が今も受け継がれています。この発酵では，壺の底に乳酸菌と酵母が，液の表面には酢酸菌が存在し，お互いが共生関係にあることで効率的に酢が作られると考えられています。このように，乳酸菌と酵母は協力して実に多くの発酵食品を作っています。日本酒の製造においてアルコールを作るのは酵母ですが，酵母の培養では雑菌の増殖を防ぐ必要があり，そのために乳酸を利用します。生酛と呼ばれる

昔ながらの日本酒の作り方では，乳酸菌によって乳酸を作らせ，pH を下げることにより雑菌を抑えます。そこで関わる乳酸菌の一つはラクトバシラス・サケイ（*Lactobacillus sakei*）という名前で，日本語の酒（さけ）から名付けられたものです。しかし，現在では乳酸菌を使わずに，人工的に乳酸を添加する「速醸酛」という簡便な作り方が多くなっています（**Q20参照**）。

　乳酸菌が必ずしも良い働きをするだけではありません。日本酒が貯蔵中に白く濁ってしまうことを火落ちと言いますが，これも乳酸菌の一種（火落ち菌）によって引き起こされます。これを防ぐために，火入れという殺菌工程が行われます。同様に，ビールの製造においても乳酸菌が増殖することがあり，ジアセチルという物質を作ってビールの風味を損ねてしまうことが知られています。

　人のためだけでなく，家畜の食べ物にも乳酸菌が登場します。乾燥させた牧草を乳酸菌によって発酵させると，他の微生物の生育を乳酸が抑制するので，長期間保存することができます。この家畜の餌をサイレージと呼んでいます。ここでも pH を下げることで雑菌の繁殖を抑えるという乳酸菌の働きが生かされています。

　近年では，乳酸菌を添加した食品も多く市場に出回るようになりました。例えば，「乳酸菌入りチョコレート」のように，チョコレートの味はそのままで乳酸菌を配合した食品が発売されています。他にも，ココア，キャンディ，ポテトチップス，豚汁，うどん，ドレッシング，納豆のたれ，ふりかけなど，さまざまな食品に「乳酸菌入り」のものが登場しています。この

ように食品への乳酸菌の利用は，伝統的な発酵食品だけでなく
食品への添加という形でも広がりつつあります。

3

食品に含まれる乳酸菌

乳酸菌は何に多く含まれるの？

Question 25

Answerer 山本 直之

　乳酸菌は私たちの身のまわりのさまざまな発酵食品に含まれますが，なるべく多くの乳酸菌を食品から摂取しようと考えた場合，どの程度の菌数を取り入れることが可能なのでしょうか？　この点に関しての報告例はありませんが，ここでは，摂取した乳酸菌の生体へのインパクトという視点で整理してみました。

　まず，乳酸菌は私たちの腸管にどのくらいの数が生息しているのでしょうか？　人により糞便中の乳酸菌の数は異なりますが，過去に私たちが実施したボランティア試験の結果では，健康成人約30人からのデータでは，乳酸菌数は 10^5 ～ 10^7 個/g 程度でした。また，成人の糞便量を 1 ～ 2 kg とすると，私たちの身体の中には，乳酸菌が 10^8 ～ 10^{10} 個程度すなわち <u>1 ～ 100億個程度の乳酸菌が住んでいる</u>ことになります。

　ところで，ヨーグルトや乳酸菌飲料にはどのくらいの乳酸菌が含まれているのでしょうか？　**表25-1**は，乳等省令に定められている，乳成分の含量や乳酸菌数などを示しています。例えば，ヨーグルトは発酵乳に該当しますが，無脂乳固形分8％以上を含む必要があり，乳酸菌を 10^7 個/mL 含む必要があります。商品の賞味期間はだいたい3週間程度ですので，3週間菌数を 10^7 個/mL 以上にするために，実質的には 10^8 個/mL 程度の乳酸菌が含まれています。仮に，<u>100mL（100g）程度のヨーグルトを食べれば，10^{10} 個程度（100億個）の乳酸菌を摂取する</u>こととなります。その場合，もともと私たちのお腹の中に住んでいる乳酸菌の菌数とほぼ同じ菌数のレベルを摂取することとなります。また，乳製品乳酸菌飲料は発酵乳を倍程度

表 25-1 発酵乳，乳製品乳酸菌飲料，乳酸菌飲料中の乳酸菌数

主成分	無脂乳固形分	乳酸菌数 （個/mL）	大腸菌群	具体例
発酵乳	8%以上	10^7以上	陰性	各種ヨーグルトなど
乳製品乳酸菌飲料（生菌）	3%以上	10^7以上	陰性	ヤクルトなど
乳製品乳酸菌飲料（殺菌）	3%以上	－	陰性	カルピスなど
乳酸菌飲料	3%未満	10^6以上	陰性	ラブレなど

に薄めていますので，菌数はその分少なくなります。

　サプリメントの場合も同じ程度に菌数を含むものが多いようですが，菌数が気になる場合，商品説明書で確認することができます。サプリメントでも乳酸菌含量が多いものでは，100億個程度の乳酸菌を取ることが可能です。また，生きている乳酸菌の場合，生体内で増える可能性がありますので，私たちの身体にはより大きなインパクトがある可能性もあります。また，死菌体でも機能を出すために十分なものもありますので，健康機能を期待するにはどのような菌の状態が良いのかをしっかり確認する必要があります。

　一方，食品から乳酸菌を取るには，他にもいろいろな方法があります。発酵食品の中で乳酸菌を使うものとしては，発酵寿司，漬物類，味噌，醤油，日本酒，ワイン，チーズなどたくさんの種類があります。しかし，日本酒，ワイン，醤油などでは菌体は除かれていますので，商品から乳酸菌を摂取することはありません。発酵寿司の一種であるなれずしなどは，生きた乳酸菌を含みますが，一度に食べる量は限定的ですし，毎日食べるものではありませんので，乳酸菌が多く摂取できる食品ではありません。また，味噌など日常的に使用する調味料は摂取量が限られますので，多くの乳酸菌摂取にはつながりません。また，最近，チーズに関しても比較的利用が進んでいますが，その菌数はどうなのでしょうか？　チーズの種類により，含まれる乳酸菌の数は異なりますが，比較的多くの菌数を含むものも

あります。しかし，ヨーグルトなどに比べ日本では消費量がまだ少ないことからも，毎日チーズを食べて乳酸菌を十分量取ることは日本の場合難しいと考えられます。また，通常，健康に良い乳酸菌を長期熟成が必要なチーズ製造に用いることはありません。もちろん，単に乳酸菌を多く含んでいるというような健康食品は健康機能が期待できるものではありません。

　以上のように，健康機能を意識して乳酸菌を多く摂取するのであれば，自分の目的に合ったプロバイオティクスを多く含むヨーグルトや乳酸菌飲料を選択することが理想です。

海外の特徴的な乳酸菌発酵食品とは？

Answerer　山本 直之

　　私たちの身のまわりには，チーズやヨーグルトのようにミルクを発酵したもの以外にも，乳酸菌で作られたさまざまな発酵食品があることが知られていますが，海外の発酵食品にも乳酸菌の発酵が関係しているものがたくさんあります。ここでは，海外の発酵食品で乳酸菌の発酵が関係している代表的なものをいくつか取り上げてみたいと思います。

ザーサイ（中国）

　　"ザーサイ"は中国の漬物で，まだ100年程度の歴史しかありませんが，中国の代表的な漬物としてよく知られています。

日本でも中華料理や漬物の一つとして食されていますのでご存知の方が多いと思いますが，乳酸菌が関係していることはあまり知られていません。チンサイトウという野菜の茎を，天日干した後，塩漬けして，香辛料などを加えて発酵熟成させて作ります。比較的食塩に

図26-1　ザーサイ

強い植物由来の乳酸菌が発酵に関与するとされ，ロイコノストック，ペディオコッカス，ラクトバチルスなどと呼ばれる乳酸菌群が報告されています。

ザワークラウト（ドイツ）

　ドイツの"ザワークラウト"はキャベツを塩漬けにして乳酸菌発酵させた食品です。ザワークラウトはキャベツの葉などにもともと住みついている乳酸菌によって作られます。いわゆる植物由来の乳酸菌である，ロイコノストックに加えて，ラクトバチルス・カルバタス，ラクトバチルス・サケイなどが主な乳酸菌として報告されています。乳酸菌発酵により pH が低下したものは長期の保存が

図26-2　ザワークラウト

可能となり，ドイツでは通常名物のソーセージと一緒に合わせてよく食べられるメニューとなっています。ビタミン C が豊富であるため，ビタミン C の補給にも貴重な食品です。

ピクルス（ヨーロッパ）

　日本の漬物に相当する発酵食品として，ヨーロッパ全土で食べられている"ピクルス"があります。ピクルスは，野菜を発酵させて作る場合と酢漬けにする場合がありますが，野菜を発酵させた方が複雑な味になるといわれています。野菜と調味料を混ぜて重しをのせて，2週間程度発酵させます。地方により味や関与する乳酸菌など違いがあるものと考えられていますが，

一般的には植物由来の乳酸菌として，ラクトバチルス・プランタラム，ラクトバチルス・ブレビス，ラクトバチルス・ペントーサス，ロイコノストック・メセンテロイデスなどが主な乳酸菌として報告されています。

図 26-3　ピクルス

キムチ（韓国）

　韓国のキムチは日本にもたくさん輸入されていますが，日本での漬物の作り方とは異なり，白菜を事前に塩漬けをすることから始まります。白菜を塩漬け後に水洗いし，ヤンニョンと呼ばれる魚のエキスやトウガラシなどの調味料を白菜に塗り込んでから，発酵を行います。ヤンニョンにはエビやイワシのエキスなどを用います。

図 26-4　キムチ

キムチに関与するとされる主な乳酸菌としては，ワイセラ・コンフーサ，ロイコノストック・シトレウム，ラクトバチルス・サケイ，ラクトバチルス・カルバタスなどが報告されています。時々，ガス産生乳酸菌が含まれることなどから，加熱処理したものも販売されていますが，その場合は生きた乳酸菌は含まれないことになります。

ナタ・デ・ココ（フィリピン）

　ナタ・デ・ココは，日本では大変な人気の食品ですが，もともとは，ココナッツの汁を発酵させたゲル状のもので，フィリピンが発祥の伝統食品の一つです。ココナッツ果汁に酢酸菌の一種であるアセトバクター・キシリナムを加えて発酵させると凝固が始まり，ゲル状の物質ができます。ここでは乳酸菌ではなく酢酸菌が用いられます。ゲル状成分は酢酸菌の合成するセルロースから成ります。

図26-5　ナタ・デ・ココ

食感が特徴的で，カロリーが低いためダイエットに適していますが，通常多くの糖分を含んで製造されるため，逆にカロリーを取りすぎないよう注意が必要です。

　　漬物の乳酸菌は野菜由来であると考えられます。しかしながら，野菜に生育している微生物を検査しても乳酸菌は主要な微生物ではありません。なぜ漬物にすると乳酸菌が増えてくるのかを考えてみましょう。

　　漬物を作るために欠かせない材料が二つあります。一つが野菜，もう一つが塩です。塩は食塩を使う場合が多いですが，味噌や醤油等に含まれる塩を使う場合もあります。塩が野菜に加わることで，浸透圧が生じて野菜の細胞膜が破壊され，細胞内の成分が外に出ます。この作用により野菜は漬物らしい食感となり，細胞から出てきた酵素の働きによりうま味成分が作り出されます。

　　塩の浸透圧は野菜だけでなく，野菜に生育している微生物にも影響します。高い浸透圧にさらされると微生物はストレスを受け，生育が抑制されて最終的には死滅してしまいます。ところが，高浸透圧下でも生育可能な耐塩性の微生物が存在します。その一つが乳酸菌です。野菜を塩で漬けると耐塩性の乳酸菌が生き残り，野菜の細胞から浸出した栄養成分を餌（栄養素）にして増殖を始めます。この乳酸菌の働きを発酵と呼び，発酵漬物には乳酸菌が産生する乳酸による酸味をはじめとする独特の風味が付与されます。発酵漬物での乳酸菌の推移の例を**図27-1**に示します。発酵が進むにつれて菌種が変わっていることがわかります。発酵初期は乳酸菌の形状が丸い乳酸球菌（*Leuconostoc mesenteroides*）が生育していますが，発酵が進むと乳酸球菌に代わって，細長い棒状をした乳酸桿菌（*Lactobacillus plantarum, Lactobacillus brevis*）が生育してきま

3

食品に含まれる乳酸菌

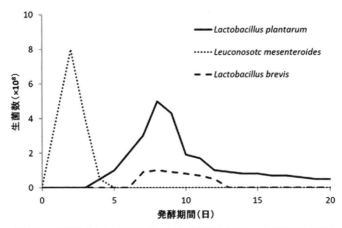

図 27-1　発酵漬物における乳酸菌の変化（発酵温度 23℃，食塩濃度 2.2%）[1]

す[1]。

　一方，木曽地域で赤かぶの葉を乳酸発酵させて製造している
すんき漬けのように，塩を使わずに製造している漬物もありま
す。塩を使用しない漬物で乳酸菌がどのように増えてくるのか，
すんき漬けの製造工程を通して見てみましょう。

　すんき漬けの製造は，原料の赤かぶの葉を湯通しするところ
から始まります。湯通しした葉とすんき種を樽の中に交互に重
ねていきます。ここに葉の茹で汁をひたひたになるまで加え，
温かい状態で一晩保管します。その後は冷所に移し，1 週間か
ら10日程度保管してすんき漬けは完成します。

　すんき発酵のポイントはすんき種です。すんき種とは前年に
製造した良好なすんき漬けで，冷凍保管しておいたものを使用
します。赤かぶの葉にいる微生物は湯通しによりほぼ殺菌され
ていますので，樽内にはすんき種から供給されるすんき発酵に
適した乳酸菌が主に生育します。加えてすんき種は pH が低く，
すんき種を加えることで樽内が酸性になります。酸性環境は微

生物にとっては生育しづらい環境ですが，乳酸菌は自身が産生する乳酸に対して耐性があるため，酸性環境で生育できます。以上のことから，すんき種が乳酸菌の供給と乳酸発酵に適した環境を整える役割を果たしており，無塩でも安定して乳酸発酵することができます。また，すんき漬けを行う時期は気温が低く，乳酸発酵には適していないため，茹で汁を加えて温かくする工夫をしています。

　読者の皆さんで発酵漬物を食べてみたいと思った方がいらっしゃるかもしれませんが，残念ながら発酵漬物は年々少なくなっています。平成29年度食品産業動態調査によると，漬物の中で生産数量1位はキムチ，2位が浅漬けです。キムチの中でも賞味期間内で酸味が増す発酵タイプのキムチよりも，賞味期間内で味が変化しない熟成タイプのキムチのシェアが高く，野菜をなるべく発酵させずにフレッシュな状態で喫食する漬物が好まれていることがわかります。一方で，昨今の発酵食品ブームにより，乳酸発酵漬物に対する注目が高まり，漬物由来乳酸菌の研究が活発に行われています。その研究成果を活かし，健康機能性の証明された乳酸生菌を添加し，賞味期限まで酸味が強くならない工夫を施したキムチが機能性表示食品として発売されています。時代が進むにつれて漬物由来乳酸菌の摂取の仕方が変わっていく可能性がありますね。

参考文献　1）宮尾茂雄：日本乳酸菌学会誌，**13**，2–22（2002）

加工食品に含まれる乳酸菌は生きているの？ Question 28

Answerer 山本 直之

　乳酸菌の健康への効果が一般的に理解されるようになってから，さまざまな食品に乳酸菌が添加され，販売されることが多くなりました。例えば，チョコレート，ビスケット，おせんべい，ジュース，などにも乳酸菌が含まれるようになりました。一般的に加工食品を製造する際には，加熱処理が行われますが，乳酸菌は生きているのでしょうか？　また，もし乳酸菌が生きていないとしても生体にいい効果をもたらすのでしょうか？

加工食品での乳酸菌

　加工食品を製造する際の加熱処理により，通常はほとんどの乳酸菌は死んでしまいます。また，pH が低いような食品でも同じように乳酸菌を生きて保つのが難しいことになります。一方，有胞子性乳酸菌という熱に強い乳酸菌を製品に加えて販売しているケースがあります。微生物には胞子を作る種類があり，胞子の状態になると極めて熱に強い状態になりますので，加工食品の中でも生き続けることが可能となります。一方，乳酸菌の数は，法律上乳酸菌測定のために定められた培地で生育する菌の数と決まっていますので，たとえ乳酸菌でなくてもこの培地で生育すれば，乳酸菌としてカウントされることになります。そのような場合は，乳酸菌の効果は期待できないことになります。

　一方，チョコレートなどの一部の加工食品においては，加工温度を比較的低くして加工することができる場合，乳酸菌の生菌数を高めることが可能となります。また，乳酸菌の表面を特殊素材でコーティングすることで，酸素に対する耐性を増して

長期間乳酸菌を生きて保存するような工夫が行われています。

生体内での耐性

　次に，乳酸菌を食品から摂取した場合に，胃の中では胃酸という強い酸にさらされますので，pH が２程度になると考えられます。この胃酸のバリアを無事に通過するために，胃酸に対して強い菌が選択されています。また，十二指腸では胆汁酸が分泌されますが，胆汁酸濃度が高い場合，多くの微生物は死んでしまいますので，胆汁酸に対して強い乳酸菌を選択する必要があります。乳酸菌は菌株ごとに胃酸や胆汁酸に対する耐性が異なりますので，これらの条件で死滅することがないような乳酸菌が通常ヨーグルトなどで利用されるプロバイオティクスでは選択されています。さらに，重要なことは，実際にこの菌を用いて私たちの体の中にどのくらいの割合で生きて届いているのかを試験しているかどうか？　という点です。

加工食品の機能性

　生きた乳酸菌をビスケットやチョコレートに加えることが可能となった場合でも，それらの乳酸菌が生体内で生理的機能を果たすかどうかが最も重要な視点です。なぜなら多くの加工食品は乳酸菌の数が多いことや，生きていることなどをアピールすることは積極的ですが，加工食品を用いてのヒトでの有用性実証が行われていないものがほとんどだからです。その場合，いくら多くの菌数を食品に加えても，何の意味もありません。また，乳酸菌が生きていたとしても意味がありません。では，

どのような加工食品が健康に良いのかを，どのように見分ければよいのでしょうか？　最も簡単なのは，その加工食品が機能性表示食品や特定保健用食品かどうかを確認することです。その場合，どのような機能を持っているのかに関して，機能が表示されているはずです。ほとんどの加工食品では機能性表示などの食品にはなっていません。

死菌でも効果が期待できるものが多い

　一方で，生きていなくても効果が期待できるような乳酸菌が開発されています。加工食品の乳酸菌が生きているかどうかを気にするより，それらの食品を用いてちゃんとヒトで有用性が実証されているのかどうかを確認することが大切です。販売会社のホームページにおいて，試験を行っているかどうかや，どのような試験成績があるのかなど簡単に調べることができますので，調べてみることをおすすめします。もし，ヒトでの試験成績がないのに，ヒトでの効果が期待できるというような表現をして販売しているような場合，景品表示法に違反する可能性があります。

食品の保存に乳酸菌が
利用される？
（バクテリオシン）

Answerer　岩谷　駿

食品を長期保存する際には，有害な微生物の増殖を抑える必要があります。そのため，通常は加熱による殺菌処理を行ったり，化学合成された保存料を添加するなどして食品の保存性を高めています。一方で，過度の加熱処理は食品本来の風味を損なうおそれがあり，また，化学合成保存料の多用は，健康に悪影響を及ぼすという懸念もあります。

このような食品に対する自然志向・安全志向のニーズに応える手段として，人とつながりの深い生物由来の保存物質（バイオプリザバティブ）を用いる食品保存法（バイオプリザベーション）が提唱されています。バイオプリザバティブは「植物，動物，および微生物起源の抗菌作用を持つ物質で，何らの害作用もなしに長期間人に食べられてきたもの」と定義されており[1]，中でも古くから人類の食生活に関わってきた乳酸菌は有力なバイオプリザバティブとして期待されています。

乳酸菌が産生する乳酸や酢酸などの有機酸は，食品の pH を低下させることで雑菌の増殖を抑えるとともに，有機酸自体も細菌の細胞内へと侵入し抗菌活性を示します。漬物やヨーグルトなど，乳酸菌の発酵によってその保存性が高められている食品は，バイオプリザベーションの典型的な例であると言えます。また，多くの乳酸菌は有機酸等の産生に加え，バクテリオシンと呼ばれる抗菌物質を生産することが知られています。

乳酸菌が生産するバクテリオシンは，数十個のアミノ酸が連なった小さなタンパク質（ペプチド）で，ペニシリンをはじめとする一般の抗生物質とは基本的な構造・由来が異なります。これまで多くの乳酸菌種から多種多様なバクテリオシンが見出

されており，その構造や特徴は多岐にわたりますが，通常は生産菌と類縁の細菌種に対して抗菌活性を示すことが知られています。また，多くのバクテリオシンは熱や酸に対する安定性が高く，酸性度の高い食品中や低温保存の条件でも抗菌力を発揮することができます。一方で，人や動物の消化酵素により容易に分解されるため，体内や環境中への残存も少なく，耐性菌出現のリスクも低いと言われています。

　代表的な乳酸菌バクテリオシンであるナイシンAは，アメリカ食品医薬品局（FDA）によりGRAS（Generally Recognized As Safe：一般に安全と認められる）物質として認められ，現在は世界50か国以上で食品保存料として使用されています。日本においても，2009年3月に厚生労働省から認可され，一部の食品に対して食品添加物としての使用が認められました。ナイシンAに次いで応用が期待されるペディオシンPA-1は，食中毒菌であるリステリア菌に対して顕著な抗菌活性を示すことから抗リステリアバクテリオシンとも呼ばれ，欧米を中心に応用化研究が行われています。また，リステリア菌以外にも，食中毒菌として問題視されるサルモネラ菌，病原性大腸菌，黄色ブドウ球菌，セレウス菌などを標的として，さまざまな食品中での乳酸菌バクテリオシンの抗菌効果が試験されています[2]（**表29-1**）。

　食品中での乳酸菌バクテリオシンの利用方法としては，①精製物を用いる，②発酵液などの粗精製物として用いる，③バクテリオシン生産菌をスターターカルチャーとして用いる場合などがあり，それぞれの用途に応じた使い分けがなされています。

表 29-1　主な乳酸菌バクテリオシンの食品への応用例（文献 2 より抜粋・改変）

バクテリオシン	対象食品	利用方法	対象微生物
ナイシン	キャビア	有機酸との併用 / 熱処理（60℃）	リステリア菌
	ハム	高圧処理との併用	リステリア菌 / サルモネラ菌
	フランクフルト	ブドウ種エキスとの併用	リステリア菌
	チェダーチーズ	リポソームに固定	リステリア菌
	脱脂粉乳	高電圧パルスとの併用	黄色ブドウ球菌
	メロン	キレート剤との併用	サルモネラ菌
	明太子	ポリリジンと併用し調味液に添加	一般生菌
	麹	L-アラニン（発芽誘導剤）との併用	セレウス菌（主に芽胞）
ペディオシン PA-1	フランクフルト	熱処理との併用	リステリア菌
	ソーセージ	粗精製物を添加後，真空包装	リステリア菌
	発酵ソーセージ	スターターカルチャー	サルモネラ菌
エンテロシン AS-48	無脂肪ハードチーズ	生産菌 / 粗精製物を添加	リステリア菌
	ソーセージ	スターターカルチャー	セレウス菌
	パスタ加工品	フェノール化合物との併用	黄色ブドウ球菌

3

食品に含まれる乳酸菌

　また，乳酸菌バクテリオシンの用途は単独での利用に留まらず，他の抗菌物質との併用や，他の殺菌法との併用による相乗作用が広く検討されています。このような複数の抗菌剤あるいは殺菌法の併用はハードルテクノロジーと呼ばれ，対象食品の劣化を最小限に抑えるだけではなく，耐性菌出現の予防という面でも効果的であると考えられています。このように，乳酸菌バクテリオシンの持つ可能性は多岐にわたり，作用する環境や組み合わせによって，今後幾重にも広がりを見せることが予想されます。

参考文献　1）森地敏樹，松田敏生編著「バイオプリザベーション―乳酸菌による食品微生物制御―」，幸書房（1999）
　　　　　　2）岩谷 駿，善藤威史，中山二郎，園元謙二：バイオインダストリー，**24**(9)，23-31(2007)

特定保健用食品のマーク

Section4
乳酸菌の
保健効果

乳酸菌の効果は本当ですか?

Answerer　山本 直之

　乳酸菌は健康に良いと考えられていますが，その保健効果については，特定の乳酸菌株を用いた有効性試験に関してさまざまな報告があります。乳酸菌の保健効果に関しては，さまざまなレベルのものがあまり研究レベルに区別がなされないまま広く伝わっている可能性があります。ヒトに対してどの程度効果があるかどうかに関しての一つの判断方法としては，特定保健用食品や機能性表示食品としての許可や申請が行われているかどうかが，参考になります。以下に，主な乳酸菌の機能ごとに考え方を整理してみたいと思います。

整腸作用

　整腸作用に関しては，ヒトでの有効性が確認されメカニズムなどのデータが備えられているのであれば，特定保健用食品として効能が認められます。現在，特定保健用食品の市場がほぼ6000億円/年ですが，その市場の約半分を乳酸菌発酵乳が占めています。特定保健用食品での有効性試験においては，乳酸菌で製造した発酵乳と，乳酸菌で発酵しないで，風味や味付けを同じように整えたプラセボサンプルを用いて，両サンプルでの効果を比較します。通常，排便回数が増加，便性状改善，乳酸菌数増加，有害菌が減少，便中の pH 低下，などが観測されます。また，自覚症状のアンケートにより排便回数改善によるストレス改善などについても報告されています。

免疫調節作用

　免疫機能に関しては，現在，特定保健用食品としての機能に

は認められていません。免疫機能の客観的評価や免疫機能に関するヘルスクレイムが疾病と切り離して表現することが難しいことなどのいくつかの課題があります。例えば、ある種の乳酸菌ではアレルギー改善効果がヒト試験において示されていますが、アレルギー症状というのは疾病に対する表現ですので、機能表示が難しいのです。また、免疫力を高めて、インフルエンザウイルスや病原菌に対する罹患率を抑える効果などがヒトでの試験成績は報告されていますが、特定保健用食品としての許可がされていません。また、一部の乳酸菌においては、胃に感染して胃・十二指腸潰瘍の原因菌とされているピロリ菌（*Helicobacter pylori*）の排除や、胃炎の抑制にも効果があることが示されていますが、機能表示には至っていません。

血圧降下作用

　乳酸菌はミルク中で増殖するために、ミルク中のタンパク質を分解する機能を備えていますが、乳酸菌の種類により、その分解力には大きな違いがあります。最もミルクタンパク質の分解力が早く、ミルク中の増殖が速いのはラクトバチルス・ヘルベティカス（*Lactobacillus helveticus*）と呼ばれる菌種で、ミルク中で血圧降下作用を示すペプチド（タンパク質が小さく分解されたもの）を生産することが報告されています。血圧が高めのヒトを対象とした試験において、血圧降下作用が数多く報告されています。また、特定保健用食品としての機能表示が可能となっています。

大腸炎抑制作用

　大腸炎としてよく知られる炎症性腸疾患（IBD）は潰瘍性大腸炎とクローン病に分けられますが，原因がまだ明らかにはなっていない疾患です。抗菌物質を投与することで，有害菌の排除には有効ですが，大腸における炎症が拡大するため最適な治療方法がないのです。最近，プロバイオティクス投与によって IBD の症状が改善することが確認されました。乳酸菌を投与することで，腸管の炎症を抑制できる可能性が示されたのです。しかし，これらの効果に関しても，特定の疾病に関する機能表示となることから，特定保健用食品としての表示は認められていません。

脂質代謝改善作用

　乳酸菌の中で，ラクトバチルス・ガセリ（*Lactobacillus gasseri*）のある菌株は，継続摂取することで，血中脂質を低下させることがヒト試験において実証されています。また，最近の研究で乳酸菌摂取による内臓脂肪の蓄積抑制効果が報告されています。乳酸菌発酵乳と乳酸菌を含まない発酵乳を数か月摂取した場合，内臓脂肪，皮下脂肪，腹部周囲が減少することが報告されています。乳酸菌の脂肪減少効果に関しては特定保健用食品としての表示が認められています。

　ここに記載した乳酸菌の機能以外にも，機能性食品としての機能表示が認められているものに関しては，少なくともその効果が期待できると考えられます。

プロバイオティクスと プレバイオティクス とは？

Answerer 山本 直之

　最近，プロバイオティクスとか，プレバイオティクス，という言葉がよく使われていますが，どういう意味で使われているのでしょうか？　プロバイオティクスとは，過去に有害菌などの増殖を抑制するために使用されてきた抗生物質をアンチバイオティクスと呼ぶことに対して，私たちの生体内で有用な働きをする生きた微生物のことを指して言います。特に，乳酸菌やビフィズス菌は，生体でさまざまな有用な効果が期待できるため，プロバイオティクスとして開発・利用されています。

　1989年に Fuller が，「腸内細菌のバランスを改善することによって生体の健康に良い効果をもたらす生きた微生物」をプロバイオティクスとして提案しました。最近の研究では，生きていない微生物でも生体で有用性を示す場合もあることから，一般的には死菌を含めてプロバイオティクスとして呼ばれることもあります。

　プロバイオティクスは，サプリメントに含まれていたり，ヨーグルトに含まれていたり，さまざまな食品成分として使われていますので，特定の製品形状のものだけを指して呼ぶわけではありません。最近では，ペット向けのプロバイオティクスも開発されていますし，家畜向けのプロバイオティクスも開発され世界中で広く利用されています。

　また，プロバイオティクスは，動物試験やヒトでの有効性試験において，特定の保健効果が期待できる菌株として選別されたものですので，対象となる製品がどのような保健効果を発揮するのかをよく調べてから使用する必要があります。プロバイオティクスには，一般的に以下のようなことが大事なことと考

えられています。

・胃酸や胆汁酸など生体内での消化液に対して抵抗力があること
・人間での食経験や動物試験などでの安全性が確認されていること
・食品中で消費期限中生きた状態で菌数が維持できること
・生体内で有効性が期待できる（実証されている）こと

　また，プロバイオティクスの効果として知られているものとしては，便秘の改善効果，アレルギー改善効果，病原菌などの感染予防効果，大腸炎の予防効果などが報告されています。日本では，特定保健用食品（特保）や，機能性表示食品などに使用されている乳酸菌などのプロバイオティクスには，商品に記載されている機能が期待できます。

　一方，プレバイオティクス，とは何でしょうか？　プレバイオティクスとは，プロバイオティクスのように生きた有用菌を摂取するのではなく，自分の体の中にすでにいる有用菌を増やすための食物繊維やオリゴ糖などのことを指して言います。食物繊維は糖が複雑な構造で結合していて私たちの消化酵素では分解されず，また，お腹の中にもともと住んでいる微生物によってもほとんど分解されません。しかし，ビフィズス菌は食物繊維を分解することができる多くの種類の酵素を持っているため，食物繊維を分解して利用することができます。ビフィズス菌は嫌気性細菌に分類され，酸素がある環境では増殖できないため，腸内の酸素がより少ない大腸に生息しています。通常

の栄養素は消化管の上部に住む微生物などにより利用されてしまいますが，食物繊維を利用できる微生物は少ないため，ビフィズス菌は消化管の下部に住んでいても，食物繊維を貴重な栄養素として分解利用することができます。その結果，食物繊維を日常の食生活で多く摂取することで，もともとお腹の中にいるビフィズス菌を増やすことができます。さらに，お腹の中がより酸性になり消化管を刺激して便秘の改善効果を期待することができます。

表 31-1　食事からの摂取が比較的多い食物繊維高含有食品群

食品成分	100g 中の含有量：g
ひじき（乾燥）	43
わかめ	35
こんぶ	25
海苔	25
豆類	20 ～ 15
きな粉	17
おから	10
大麦	10
クルミ	7.5
落花生	7
納豆	7
ライ麦パン	5
きのこ類	4 ～ 2
イモ類	4 ～ 2

　食物繊維は男性の場合1日20g，女性の場合1日18g摂取が理想とされていますが，日本人にはまだ食物繊維が不足していますので，**表31-1**に食物繊維を多く含む食品を示しました。食品成分に食物繊維を多く含む成分はたくさんありますが，毎日の摂取量が多いものをまとめています。わかめなど海藻類は比較的多く食物繊維を摂取できますので，さまざまな食品から効率よく摂取することを心がけましょう。

乳酸菌の成分によるさまざまな機能とは？

Answerer　山本 直之

　乳酸菌が健康に良いことは広く知られていますが，ひとくちに乳酸菌の機能といっても乳酸菌には成分によってさまざまな異なる機能があることがわかっています。最もよく知られているのは，乳酸菌を食べた後に，お腹の中に生きて届いて，お腹の中で活動することで発揮できる効果です。プロバイオティクス効果ともいわれています。しかし，乳酸菌には，さまざまな機能性の成分がその他に報告されています。例えば，乳酸菌の菌体に結合しているような成分は，乳酸菌が生きている必要がありませんし，必要な成分が含まれているだけでも効果が期待できます。また，発酵乳などを作る際に乳酸菌が発酵乳中に分泌することで，有効成分が菌体成分以外にあるような機能についてもよく知られています。以下に，これらの分類に従い主な機能を整理しました。

乳酸菌が活動することでの効果

　生きている乳酸菌の効果として最もよく知られているのは，特定保健用食品としてヨーグルトなどに利用されている「整腸作用」です。乳酸菌は，お腹の中に届き生育することで，お腹の中に乳酸を産生する結果，お腹の中の pH が少し低下して酸性側に変化します。ここで，お腹の中に大量に産生された乳酸は，大腸に刺激を与えて蠕動運動を促進します。その結果，排便回数が増加し，また，有害菌を排除することにもつながります。また，有害成分を抑制するなど，お腹の中の菌（腸内細菌）のバランスを良くすることでその他の有用な機能を発揮することも知られています。例えば，乳酸菌 *Lactobacillus gasseri*

を数か月摂取した場合，内臓脂肪，皮下脂肪，腹部周囲が減少することなどが報告されています。また，大腸炎としてよく知られる炎症性腸疾患は原因がまだ明らかにはなっていない疾患ですが，最近，乳酸菌の投与によってその症状が改善することが確認されています。メカニズムや機能成分の研究が進むにつれ，菌体成分が有効成分として明らかにされた場合は，ポストビオテック効果として区別されることもあります。

乳酸菌の効果

　免疫機能に関しては，近年，乳酸菌の菌体成分が動物試験やヒトを対象にした試験において効果があることが多く確認されています。動物試験においては，インフルエンザウイルスの感染試験において，乳酸菌の生菌と死菌を用いた効果の比較が行われています。この試験では，インフルエンザの感染抑制結果や生体の免疫応答性は，生菌，死菌で同じ程度であることがわかりました。また，ヒト試験においても花粉症対象者，通年性皮膚炎対象者，アトピー性皮膚炎対象者に対するそれぞれの試験において，乳酸菌の菌体が作用することがわかりました。免疫調節作用においては，菌体成分が腸管免疫系に作用して，免疫細胞に働きかけることが必要と考えられていますので，免疫機能に関しては菌体を腸管に作用させることで機能が期待できる可能性が高いと考えられています。

乳酸菌の分泌物の効果

　乳酸菌がミルク中で増殖する際にミルク中のタンパク質を分

解して，窒素源とし
てアミノ酸を利用し
ますが，乳酸菌に利
用されないで発酵乳
中に残されている未
分解ペプチドに血圧
降下作用があること
が示されています。
乳酸菌であればどん
な乳酸菌でもよいわ

表 32-1　さまざまな乳酸菌の保健効果

1. 乳酸菌が活動することで期待できる効果
    整腸作用
    脂質代謝改善効果
    大腸炎の改善効果
2. 乳酸菌の菌体成分に期待できる効果
    感染抑制効果
    アレルギー改善効果
3. 乳酸菌の代謝物による効果
    血圧降下作用
    バクテリオシン産生（抗菌作用）

けではなく，特定の乳酸菌が，血圧を下げることができるペプ
チドを発酵乳の中に生産することができるため，血圧が高めの
ラットでの試験や血圧が高めのヒトを対象とした多数の試験に
おいて，血圧を下げられることが報告されています。また，乳
酸菌には，抗菌作用を示すバクテリオシンと呼ばれる成分を分
泌する菌株が存在しますので，菌体成分は不要で，バクテリオ
シンを投与することで，抗菌作用が期待できるのです。

機能性乳酸菌を用いた製品とは？

Answerer　山本　直之

　私たちのまわりにはたくさんの乳酸菌を用いた製品群が販売されています。その多くは健康機能を訴求したものやその効果をイメージしたものです。これだけ多くの乳酸菌を含む製品が販売されていると，どのような製品を選んでよいのか迷ってしまします。どのようなステップで自分に合った乳酸菌を選ぶのかに関しては，**Q42** に示しましたが，ここでは，ヒトでの有効性試験成績が比較的多い製品群を選んで機能別に整理してみました。

整腸作用

　多くの乳酸菌が整腸作用に関して特定保健用食品として許可を受け長く販売されている実績があります。特定保健用食品の中でも乳酸菌発酵乳やオリゴ糖などによる整腸作用を訴求している製品が約半分近くの市場を占めています。乳酸菌発酵乳では，タカナシ乳業の「おなかへ GG」が我が国で最初に特定保健用食品の許可を得た発酵乳です。大手食品企業の乳酸菌群やビフィズス菌を用いた製品が整腸作用で特定保健用食品の許可を得ています（**表33-1**）。ビフィズス菌も乳酸菌の仲間として表に記載しています。

内臓脂肪抑制効果

　最近，ある種の乳酸菌が内臓脂肪の蓄積を抑制する可能性があることがヒトを対象とした複数の試験で示され，特定保健用食品や機能性表示食品としての機能訴求が可能となりました。他の菌種や菌株でも同様の効果があるものかどうか，報告の菌

株の特徴的な性質であるのかなど，今後詳細な研究成果が報告されるものと思われます。

免疫調節機能

　免疫調節機能の中で，食品の成分として期待されている効果としては，アレルギーの改善効果と免疫賦活作用があります。いずれの機能に関しても多くのヒト症例研究において有意な効果が報告されているものがありますが，特定保健用食品や機能性表示食品として認められているものはありません。この領域の機能訴求が疾病を連想するものが多く，機能訴求が難しいと考えられますが，消費者ニーズは高く多くの開発例があります。有効成分としては，生菌，死菌の区別なく有効とされており，サプリメントにも利用されています。

まとめ

　表33-1には，代表的な乳酸菌を用いた機能性食品の例を挙げていますが，大事なポイントは，ヒトでの有用性試験成績が充実しているかどうかという点です。特定保健用食品や機能性表示食品には比較的データが多いと考えられます。また，**表33-1**に示しますように，機能表示はしていなくても，ヒトでの有効性成績が豊富な製品もあります。製品に使われている乳酸菌にどのような科学的エビデンスが蓄積されているかに関してしっかり見極めることが大切です。

表 33-1 機能性が報告されている代表的乳酸菌と商品例

報告健康機能	乳酸菌		商品例	特保	機能表示
整腸作用	Lactobacillus rhamnosus GG	発	おなかへ GG	○	
	Bifidobacterium longum BB536	発	ビヒダス プレーンヨーグルト	○	
	Lactobacillus bulgaricus 2038 Streptococcus thermophilus 1131	発	明治ブルガリアヨーグルト LB81 プレーン	○	
	Lactobacillus casei YIT 9029（シロタ株）	乳	ヤクルト	○	
	Lactobacillus gasseri SBT2055	発	L. ガセリ SBT2055（ガセリ菌 S P 株）	○	
	Bifidobacterium longum BB536	サ	ビヒダス BB536		○
内臓脂肪抑制	Lactobacillus gasseri SBT2055	発	ガセリ菌 SP 株ヨーグルト	○	○
	Lactobacillus amylovorus CP1563	乳	からだカルピス		○
尿酸抑制	Lactobacillus gasseri PA-3	発	明治プロビオヨーグルト PA-3		○
免疫調節作用（アレルギー改善）（免疫賦活）	Lactobacillus acidophilus L-92	サ	アレルケア		
	Bifidobacterium longum BB536	発	ビヒダス プレーンヨーグルト		
	Lactobacillus casei YIT 9029（シロタ株）	乳	ヤクルト		
	Lactobacillus bulgaricus OLL1073R-1 (R-1)	発	明治プロビオヨーグルト R-1		
ピロリ菌抑制作用	Lactobacillus gasseri OLL2716 (LG21)	発	明治プロビオヨーグルト LG21		

発：発酵乳，乳：乳酸菌飲料，サ：サプリメント，特保：特定保健用食品，機能表示：機能性表示食品

乳酸菌の便秘改善効果とは？

　　乳酸菌を摂取すると便秘に効果があるとよく言われますが本当でしょうか？　そもそも，日本人の腸の長さは，欧米人に比べて長いから便秘になりやすいといわれますが，本当なのでしょうか？　50歳以上の，日本人とアメリカ人650名ずつ，合計1300名を対象に，大腸の長さを比較した試験成績が報告されています。その結果，大腸の長さの平均は日本人では154.7cm，アメリカ人では158.2cmでした。また，年齢が上がるにしたがい，両国でその長さが長くなる傾向があることが報告されましたが，いずれも顕著な差がないと考えられています[1]。したがって，便秘は日本人にだけ多いことではないようです。

　　通常，1日に何回か排便がありますが，2～3日に1回程度の排便でも健康上大きな問題がないこともありますし，本人も特に苦痛を感じるわけではないこともあります。また，排便回数が多くても，排便量が少ないこと，排便時に苦痛を伴うような場合は，便秘とされることがあります。その結果，便秘については，「排便回数」「排便の量」「便の状態」「残便感」「お腹の張り具合」「ガスの量」「排便時の肛門の痛み」を便秘の診断基準にしています。アメリカでは，1997年にブリストル大学のHeaton博士がブリストルスケール基準の導入を提案し，便秘や下痢について分類しました。要約すると，大便の形状や硬さで7段階に分類されています（**図34-1**）。

　　便の状態がやや硬めになると，腸の蠕動運動が低下することで，内容物が腸内に長時間滞留するために，水分が腸管からどんどん吸収されることから，さらに便が固くなり，便秘状態が

<便秘の便>
　1. 硬くてコロコロのウサギの糞のような便
　2. ソーセージ状にはなるが硬い便
<正常の便>
　3. 表面に亀裂があるソーセージ型の便
　4. 表面がなめらかで柔らかいソーセージ状の便
　5. やや柔らかい便
<下痢の便>
　6. フニャフニャの不定形の便，泥状の便
　7. 水様で，固形物を含まない液体状の便

図 34-1　7 段階の大便の形状・硬さ

加速することとなります。ですから，定期的な排便習慣を継続することが大事です。便秘は，便通が悪くなることでストレスを感じたりする以外に，さまざまな日常生活に影響を与えます。便秘が悪化すると腹痛，嘔吐，膨満感，などの症状を伴うこともあります。

　また，腸の運動が低下することから，自律神経にも影響することがあります。

　そのような，がんこな便秘状態を改善するために乳酸菌で作られた発酵乳（いわゆるヨーグルト）がよく利用されます。いわゆる機能性食品の約半分が発酵乳による整腸作用を機能訴求しています。乳酸菌がお腹の中に届くことで，お腹の中に乳酸が産生されて，お腹の中が少しだけ酸性側に pH が傾きます。このように，お腹の中に産生された乳酸が，大腸に刺激を与えて蠕動運動を促進するのです。その結果，便秘が少しずつ解消されることとなります。ビフィズス菌では，乳酸の他に酢酸も産生しますが，同じように大腸を刺激すると考えられています。お酢など酸っぱいものを飲むとお腹の中が酸性になると考えている人がいますが，口から入った酸は，体の中ですぐに吸収代謝されますので，大腸にまでは影響を与えることはないと考え

られています。

　さらに，乳酸菌の中にはバクテリオシンと呼ばれる，抗菌成分を産生するものがありますので，有害菌の増殖を抑制することが考えられています。その場合も，お腹の中の菌（腸内細菌）の状態を改善することでその状態を整えることが知られています。便秘の改善だけではなく，有害菌の抑制や有用菌の増加などを含めて，整腸作用として知られています。特定保健用食品では，このような整腸作用が人を対象とした試験で確認されています。しかし，特定保健用食品では，製品ごとに異なる乳酸菌が利用されていますので，例えば，ヨーグルトなどの同じ製品をしばらく継続的に摂取して，どの製品が自分に合っているかどうかを評価することが大切です。

　一方，便秘を改善するための手っ取り早い方法としては，食物繊維やオリゴ糖を摂取することでも期待できます。食事成分から食物繊維を摂取するには，根菜類，昆布類，豆類などに多くの食物繊維が含まれていますので，これらの食べ物が便秘の改善に有効です。また，オリゴ糖として販売されている製品は，食物繊維をより短くしたような成分ですので，食物繊維と同じような働きが期待できます。これらの成分は，もともとお腹の中に住んでいるビフィズス菌を増やす働きがありますので，お腹を酸性にすることで便秘の解消が期待できるのです。

参考文献　1）日本消化器内視鏡学会雑誌, **55**(3), 435-444 (2013)

乳酸菌の免疫機能とは？

Answerer 山本 直之

　乳酸菌は，一般にも健康に役立つものと考えられていますが，最初に乳酸菌の保健効果に関して示したのは，ロシアの微生物研究者メチニコフです。メチニコフは，ロシアの長寿村の住人が長年発酵乳を食べていることに注目し，発酵乳を食べることが寿命の延長につながっているのではないかと考え，「不老長寿説」を提唱しました。彼は，乳酸菌が免疫力を高める可能性と乳酸菌の健康への関与を提案しました。これがきっかけとなり，その後，乳酸菌の発酵乳を用いた動物試験により，発酵乳を投与したマウスは，発酵していないで乳酸で味を調えた未発酵乳を投与したマウスより長生きすることが多くの試験で確認されるようになりました。発酵乳を投与したマウスと，未発酵乳を投与したマウスを調べると，発酵乳を投与したマウスでは，肺炎などの感染症のリスクが低下していることがわかりました。また，免疫力が高まっている可能性が示されました。

　このように，ある種の乳酸菌では生体の免疫力を高める効果（免疫賦活作用）がある可能性があることがわかりましたが，どのような作用で免疫力を高めているのでしょうか？　乳酸菌の免疫賦活作用に関しては，未解明な点も多いとされますが，腸管に存在する免疫系に作用することで，効果を発揮すると考えられています。私たちの腸管免疫系は免疫機能の70％程度を担っているといわれていますが，その主な機能を果たすのが，腸管の内側向きに小さい突起物のような形で存在するパイエル板と呼ばれる組織です。パイエル板には，腸の中に入ってきた異物や微生物など認識して，どのような生体反応をすればよいかを理解するための機能や，理解した後に免疫反応を起こすた

めのさまざまな種類の免疫細胞が存在します。まず，免疫系に
作用するためにはパイエル板の表面にある細胞を通過して，下
部層に存在する樹状細胞やマクロファージと呼ばれる細胞に取
り込まれる必要があります。樹状細胞内で乳酸菌は分解されま
すが，この分解により，乳酸菌特有の成分などが樹状細胞に認
識されるため，乳酸菌によって異なる生体反応が起こるのです。
したがって，乳酸菌のすべてがこのような免疫システムに作用
できるのではなく，一部の乳酸菌のみが作用することが可能な
のです。最近の研究で，乳酸菌の表面に結合している特殊なタ
ンパク質を持つ乳酸菌は，これらの免疫系へのアクセスが可能
ですが，このタンパク質を乳酸菌から除いた場合，免疫系に到
達できないばかりか，生体での免疫反応が起こらないことが確
認されています。

　一方，これらの乳酸菌と病原菌では免疫系に作用した場合，
生体の応答は全く異なります。例えば，病原菌が消化管に入っ
てきた場合，病原菌に対するIgAと呼ばれる抗体の一種が腸
管免疫系で生産されて，消化管に分泌されることになります。
IgAは病原菌に結合することで，体内から効率的に排泄される
と考えられています。しかし，乳酸菌を食べた場合，乳酸菌に
反応するIgAは作られることはありません。逆に，乳酸菌を
投与すると病原菌に対するIgAが増幅されることが知られて
います。どうしてこのように病原菌と乳酸菌では生体の反応が
異なるのかは明らかにされていませんが，乳酸菌は生体の中か
ら病原菌を排除するために，IgAの産生を高めたり，免疫因子
であるいくつかのインターロイキンと呼ばれるような有用成分

を高めることが報告されています。これらのことから，どのような乳酸菌を用いても免疫賦活作用があるのではなく，動物試験やヒト試験でその効果が確認された特別な乳酸菌のみにその効果があると考えられていますので，正しい情報をもとに，より効果が期待できる乳酸菌を選択して使用することが重要です。例えば，さまざまな効果がヒト試験で確認されていますが，冬場の風邪の罹患に対する予防効果がいくつかの試験において報告されています。特に，インフルエンザに感染するリスクがある種の乳酸菌摂取で抑制できる可能性が報告されています。乳酸菌を継続的に数週間摂取すると，免疫力が高まり，インフルエンザの感染率が低下するなどの成績が報告されています。

女性向けの乳酸菌とは？

Answerer　山本 直之

　　今まで，乳酸菌のさまざまな身体に良いとされる保健効果が
研究されてきました。特に効果が優れているものに関しては，
プロバイオティクスとして製品化されているものもあります。
乳酸菌の開発においては，どのような菌株でもそのような効果
が期待できるわけではありません。つまり，ある一定の評価を
通して選ばれた特定の乳酸菌のみがその効果を示すことができ
ると考えられています。しかし，整腸作用，免疫調節作用など，
有用な機能を持った乳酸菌が開発されても，さまざまな類似製
品が次々と開発されることとなり，ユニークな機能を訴求する
乳酸菌の開発がだんだん難しくなってきています。ここでは，
女性向けに最近研究されている，ユニークな乳酸菌の開発例に
関して紹介いたします。

　　一般的によく知られているように，女性は閉経とともに女性
ホルモンが減少して，更年期障害や骨粗鬆症などが起きること
が示されています。このような女性特有の悩みに対して有効な
乳酸菌の開発が進められています。一般的に，閉経後に徐々に
減少する女性ホルモンの替わりに，女性ホルモンとして働くと
されている成分を含む大豆の摂取がすすめられています。これ
は，大豆に含まれる大豆イソフラボンが女性ホルモンの替わり
を果たすものと考えられているからです。ところが，大豆イソ
フラボンが直接効果を示すのではなく，大豆イソフラボンの代
謝産物エクオールが，閉経後の骨粗鬆症やさまざまな症状の改
善に有効に作用することが示されています。それでは，女性が
大豆を多く摂ることが本当に有効なのでしょうか？

　　答えは，効果が得られる人と，効果が少ない人がいるという

4

乳酸菌の保健効果

ことです。どうしてそのようなことになるのでしょうか？　それは、大豆イソフラボンの代謝産物エクオールを作ることができる腸内細菌を持っている人と、持っていない人がいるために、大豆の効果が期待できる人と、そうでない人がいるからです。エクオール生産ができる腸内細菌を持っている日本人は約半分といわれています。ですから、大豆食品を摂取しても、半分の人しかその効果を期待できないことになります。

　最近、腸内細菌の中でどのような菌がエクオールを生産できるのかについて研究された結果が報告されてきました[1]。その結果によると、複数の腸内細菌がエクオールの生産に関係していることが示されました。その後、食品の製造に利用可能な菌として、乳酸菌をヒトの腸内からスクリーニングした結果、ラクトバチルス・ガルビエと呼ばれる菌株が分離されました[2]。また、自分がこのような有用な腸内細菌を持っているのか、持っていないかを測定する試みも行われています。

　この菌種は、食品に使われている経験がないために、機能性乳酸菌としてはすぐには利用されてはいませんが、今後、このようにエクオール生産性が高く、食品への利用経験が豊富な乳酸菌がプロバイオティクスとして、食品向けに開発される可能性もあります。

　現在、腸内細菌が詳細に分析できる技術が開発されたことにより、いろいろな菌種によるさまざまな保健効果が報告されるようになってきましたが、このような有用な腸内細菌と同じような機能を持った乳酸菌が今後開発される可能性があります。

参考文献　1）Ueno T, Uchiyama S, Kikuchi N. 2002. The role of intestinal bacteria on biological effects of soy isoflavones in human. J Nutr 132 : 594S.

2）内山成人，上野友美，鈴木淑水：新規エクオール産生乳酸菌のヒト糞便からの単離・同定；腸内細菌学雑誌，**21**，217–220（2007）

4

乳酸菌の保健効果

インフルエンザ予防に効果があるのですか？

Question 37

Answerer 篠田　直

　インフルエンザ感染症は主に冬季に流行するウイルス性呼吸器感染症の代表例です。強い感染性を持つことから，大規模な流行を引き起こすことがあります。また幼児，老齢者がかかりやすく，老人ホームのような閉鎖的な環境で集団感染を起こし，他の疾患と合併症を起こすことで免疫機能が低下しているお年寄りでは亡くなってしまうこともある怖い病気です。

　インフルエンザ感染症を起こす病原体はウイルスです。インフルエンザウイルスは感染者から咳やクシャミで飛んだ飛沫に便乗して，新しい犠牲者にやってきます。インフルエンザウイルス粒子の表面には感染に関わるヘマグルチニンと呼ばれるタンパク質が存在し，ターゲットとなる細胞表面にある糖タンパク質の末端にあるガラクトースとシアル酸を認識して吸着する性質を持ちます。インフルエンザウイルス感染に必要なタイプのガラクトースとシアル酸は気道上皮細胞の表面に多く存在しているため，インフルエンザウイルスは気道（喉）の細胞に侵入することから始まると考えられています。一度，細胞の中に侵入してしまえば，細胞内のタンパク質合成系はウイルスに乗っ取られてウイルスの合成ばかりを行うようになり，やがてたくさんの数のウイルス粒子が細胞外に放出され，周囲の細胞に再感染を繰り返して患部を拡大していきます。これがインフルエンザ感染症の大まかな感染メカニズムになります。では乳酸菌がインフルエンザウイルスの排除効果に関して効果を持つと期待できるのでしょうか？

　食品として摂取した乳酸菌は消化管の内容物に含まれているので，インフルエンザ感染症を起こす気道上皮細胞の周辺には

乳酸菌はほとんどいないと考えられています。たとえ乳酸菌を多く含んだ食べ物を摂取しても口腔から咽頭を経て食道へと流れていくため，乳酸菌とインフルエンザウイルスが直接接触することはかなり限定的であり，その限られた時間でウイルスを排除する働きを示すのは困難だと考えられています。では，間接的に乳酸菌の摂取がインフルエンザウイルスの排除を促進する可能性は無いものでしょうか？

　もう少しインフルエンザ感染の仕組みを見てみましょう。感染によりインフルエンザウイルスが放出されるようになると血液の流れに乗って全身に広がります。その段階までに働く免疫機能にはさまざまなメカニズムの関与が考えられますが，特に二つの作用が大切だと考えられます。一つは放出されたウイルス粒子の排除です。ウイルス粒子も体内では典型的な分子レベルの異物ということになります。脊椎動物には分子レベルの異物を排除するメカニズムとして抗体が存在します。抗体は体内の異物に特異的に結合して感染機能を阻止したり，貪食による排除を行う白血球やマクロファージへの目印として働いたりします。抗体の生成は，これまでに同じタイプのウイルスに接したことが無いと開始されないため予防接種によりあらかじめ抗体を生成できるようしておくことは症状の早期回復という視点で大切なことと言えます。難点は抗インフルエンザ抗体が常時，合成されてはいないために感染が成立してから数日の時間差をおいて血液中に現れてくることから，抗体は主に回復期に重要な働きを持ち，感染の予防には効果が薄いことになります。

　もう一つの免疫作用を考えてみましょう。ウイルスが感染し

た細胞はいわばウイルスに機能を乗っ取られた異常な細胞であり，宿主の免疫機能にはこのような異常な細胞を認識して除去する機能が存在します。細胞障害性Ｔ細胞と呼ばれる細胞群がインフルエンザ感染でも感染細胞の除去を行い，ある程度までは発症を抑えているものと考えられています。詳しくは解明されていませんが，乳酸菌がヒトの免疫機能に良い影響を与えていることを示す証拠が数多く報告されています。もともと消化管には無数の免疫組織が存在しており，中でも小腸には腸管内容物を取り込んで免疫細胞群に情報を提示する組織，パイエル板及びその中にさまざまな免疫細胞が存在していることが知られています。乳酸菌はそれ自体に病原性はありませんが免疫機能に対しては特徴的成分として認識されているものと考えられ，宿主に病気に備えるように指示をするきっかけになっているのかもしれません。この場合，乳酸菌は取り込まれて殺菌されてしまうものと考えられているので，生きている必要はないものと考えられています。乳酸菌以外の食品成分と同様に身体の免疫機能を促進する作用（免疫賦活作用）を持っているものと考えられていますので，更なる詳しい機構解明が期待されています。

　まだ基本的なメカニズムが未解明な食品成分による効果を期待しすぎないで，インフルエンザ感染症を広めないためにできることを実施することが最大の予防ではないかと考えます。咳エチケットやうがい，手洗いの励行，飛沫の通過を抑制するマスクの着用等は一定の効果が期待できると考えられます。また，感染してしまった時はむやみに出歩かず，完全にウイスルを放

出しなくなるまで十分な休息を取ることが，大規模感染の抑制
には必要と言えます。

4

乳酸菌の保健効果

花粉症に効くと言われていますが本当ですか？

Answerer 原田　岳

スギ花粉症と乳酸菌

　日本の花粉症は約60種類報告されていますが，最も多いのはスギ花粉を原因とするスギ花粉症で，日本人の約3分の1が罹患しており，現在も増加している深刻な国民病の一つです。スギ花粉症は成人の疾病と思われがちですが，子供でも罹患している患者は多く，低年齢化が進んでいます。その原因の一つとして戦後に全国で大規模な植林が行われて，スギ花粉症の原因物質であるスギ花粉の飛散量が増加し，大量のスギ花粉に触れる機会が増えてしまったためと考えられています。また清潔に対する意識が過剰になり，衛生的な生活環境が増加したことで，微生物と接触する機会が著しく減少したことや，食生活の変化などによって，腸内細菌が乱れてしまったために，免疫のバランスが崩れていることも原因の一つと考えられています。こういった腸内細菌の乱れや免疫のバランスを正常にする上で，乳酸菌やビフィズス菌などのプロバイオティクスの効果が期待されています。

　花粉症はアレルギーの一つでⅠ型というアレルギーに分類され，アトピー性皮膚炎や食品アレルギー，気管支喘息などもⅠ型アレルギーです（**表38-1**）。花粉症でない人は花粉が体内に侵入しても何も反応しませんが，花粉症患者は花粉が体内に侵入すると，花粉を排除しようとする反応が過敏になります。具体的にはクシャミや鼻水，鼻づまり，目のかゆみなどの症状を引き起こします。これらは免疫細胞から作り出されるイムノグロブリンE（IgE）抗体という物質が深く関係しており，花粉症患者ではIgE抗体を多く作り出してしまうことが花粉症を

表 38-1 アレルギーの分類（Ⅰ～Ⅳ型）

反応の型	名称	反応のおこり方	主な疾患・症状
Ⅰ型	即時型・アナフィラキシー型・IgE 依存型	アレルゲンの侵入によって多量に作り出されたIgE抗体が、再びアレルゲンが侵入することで反応をおこす。その結果マスト細胞から化学伝達物質が放出されておこる。	アトピー性皮膚炎・気管支喘息・じんましん・血管浮腫・アレルギー性鼻炎・アナフィラキシー・食品アレルギー・花粉症・アスペルギルス症
Ⅱ型	細胞傷害型・細胞融解型	抗原に対して作られた抗体が赤血球、白血球、血小板などを破壊。IgE、IgM、補体活性化。	自己免疫性溶血性貧血・血小板減少症・不適合輸血・重症筋無力症・薬剤アレルギー
Ⅲ型	免疫複合体型アルサス型	抗原と抗体による（免疫複合体）が血中を循環し、腎臓・肺など特定の場所の小血管に付着して炎症をおこすもの。	糸球体腎炎・血管炎の一部・血清病・慢性関節リウマチ・全身性エリテマトーデス・過敏性肺炎・薬剤アレルギー・アレルギー性気管支炎
Ⅳ型	遅延型・細胞免疫型・ツベルクリン型	抗原がTリンパ球に作用し、リンフォカインが放出されて炎症がおこる。	アトピー性皮膚炎・感染アレルギー・臓器移植の拒否反応・アレルギー性接触性皮膚炎・薬剤アレルギー・ウイルス免疫

4

乳酸菌の保健効果

引き起こす原因の一つとして考えられています。それゆえ，IgE抗体の産生量を抑えられる物質（特に食品成分）の探索が検証されてきました。近年，細胞や動物試験を通じて乳酸菌やビフィズス菌の中でIgE抗体を抑えられる可能性が報告され，さらに日本国内を中心にスギ花粉症患者を対象とした乳酸菌摂取の影響を検証するヒトに対する臨床試験が実施されています。

花粉症患者120人に乳酸菌（*Lactobacillus casei Shirota* 株）を含む飲料もしくはプラセボ飲料（*Lb. casei Shirota* 株が含まれない飲料）を8週間摂取させた試験では，中等症・重症の患者の花粉症発症時期を遅らせることができたことが報告されました[1]。ビフィズス菌（*Bifidobacterium longum* BB536）を用いた効果確認試験においても花粉飛散前からBB536菌体粉末及びヨーグルトを摂取することで，目や鼻などの自覚症状がプラセボ食に対して改善する効果が認められました。その時の血液中の炎症に関わるマーカーを調べた結果，花粉が飛ぶことに

よる免疫のバランスの歪みをビフィズス菌は抑制している可能性が考えられています[2]。さらに別の試験では二つの乳酸菌（*Lactobacillus rhamnosus* GG 株と *Lactobacillus gasseri* TMC 0356株）を用いて発酵させたヨーグルトを花粉飛散前から10週間摂取したところ，ヨーグルトを摂取して6週目から花粉症による鼻づまり症状の自覚症状が徐々に抑制され，9，10週目で改善結果が認められています。試験前後の便を調べたところ，二つの乳酸菌を含むヨーグルトを摂取することで，腸内細菌の多様性が増加し，乳酸菌以外の他の細菌を変化させていました。これらのことが花粉症の症状を抑制する上で間接的に効果を発揮していると考えられています[3]。

海外の花粉症

　冒頭の通り，日本ではスギ花粉症が多いのですが（8割程度）花粉症は海外でも深刻な問題になっています。イネ科植物（カモガヤ）による花粉症は主にヨーロッパ（地中海地域）で多く，飛散ピークは5〜7月です。ブタクサ花粉症はアメリカ全域であり，8〜10月に飛散ピークを迎えます。フィンランドやノルウェーなどの北欧地域ではシラカンバ花粉症に悩まされる人が多いですが，日本でもシラカンバの多い北海道ではスギよりもシラカンバ花粉症に悩まされる人が多いです。反対に海外から日本に移住した場合，外国人の中には来日以降にスギ花粉症を発症するというケースも増えており，発症までの平均期間は来日後約4年間という報告もあります[4]。

　異なる複数の学術論文をまとめて再度解析する手法でシステ

マティックレビューとメタ解析があります。これらの解析手法を用いて，花粉症に対するプロバイオティクスの効果が検証されています。全部で1919人の患者を対象として，各症状や生活の質，IgE抗体の量などを調べたところ，プロバイオティクス摂取によって少なくとも一つの症状を改善させ，生活の質の改善やIgE抗体の量を減らす傾向にあったことが示され，海外の花粉症においてもプロバイオティクスは有効であるという結論が報告されました[5]。

　以上のことから，プロバイオティクス摂取によって花粉症に対する良い効果が期待されています。ただし，摂取するプロバイオティクスの種類や摂取方法の違い，さらには被験者の個人差，環境要因，研究手法の違いなど多くの要因が複雑に結果へ影響すると言われているため，より精度の高い実証研究が必要とされています。

参考文献 1) Int. Arch. Allergy. Immunol, **143**(1), 75-82, 2007 Tamura M et.al
2) Clin. Exp. Allergy, **36**(11), 1425-35, 2006 Xiao JZ et.al
3) Eur. J. Nutr, **56**(7), 2245-2253, 2017 Harata G et.al
4) 耳展, **46**(4), 279-283, 2003 石井彩子ら
5) Int. Forum Allergy Rhinol, **5**(6), 524-32, 2015 Zajac AE et.al

　まず，乳酸菌を生きたまま食べた時に何が起こっているか，考えてみることにしましょう。他の項目でも説明されているように，食べ物に含まれた乳酸菌は胃に送られます。胃の中では多くの微生物にとって生育の難しい pH の低い胃液に混ざりますが，乳酸菌は酸への耐性が高く，生き残りやすいと言われています。乳酸菌は次いでアルカリ性の胆汁にさらされることになります。胆汁が混ざることで腸管内容物の pH はほぼ中性に戻るものと考えられていますが，胆汁には強い界面活性作用のある胆汁酸が含まれていて，微生物を溶かそうとしてきます。これらの環境変化に耐えて乳酸菌は小腸にたどり着き，うまく定着することができた菌だけが体内で増殖することができると考えられています。では体内で増殖できた乳酸菌はどのように他の微生物の生育を妨げて，結果的に有害な菌を減らすことができるのでしょうか。

　可能性の一つめは，乳酸菌が定着して増殖することで腸管の中にある栄養源を食べてしまい，他の菌の生育に必要なものを減らすことによって，結果として病原菌も減らしてしまう可能性です。これは意外と乳酸菌の無視できない作用かもしれません。もともと小腸内には宿主の消化液に含まれているさまざまな消化酵素の働きで，食べ物は小分子に分解されていますが，消化管の内側（内腔側）にある消化管表皮細胞の働きで速やかに吸収されるものと考えられています。乳酸菌をはじめとする小腸内に住む微生物たちは生きていくための栄養分を宿主の吸収作用とも競争して得ていると言えます。事実，さらに下流の大腸ではもっと栄養条件が悪いようで，生育に必要な糖類も単

糖（ブドウ糖や果糖など）や二糖（ショ糖や麦芽糖など）といった利用の容易な分子が存在することは少なく，ビフィズス菌は食物繊維や宿主の粘液に含まれる複合糖類といった他の微生物が利用しにくい物質を分解して糖を得ているようです。このことは他の微生物たちが利用しやすい栄養分はすでに腸管内容物にはなくなってしまっていることを示しています。消化管の中は思った以上に微生物の生存しにくい環境なのかもしれません。

　二つめの可能性について考えてみましょう。小腸の中で他の微生物と競争して栄養を得ることに成功した乳酸菌はその栄養を分解代謝して乳酸を作り出します。乳酸菌はその名前の通り，吸収した糖類の質量比で半数以上を乳酸に変換する能力を持ちます。この乳酸を生成する反応は宿主や他の生物が行う呼吸と違って酸素の無い嫌気的環境でも行うことができるので，酸素のごくわずかな腸内環境での活動にぴったりです。通称，悪玉菌と呼ばれる，腸内で病原性を示す病原菌の多くは乳酸菌のように酸性に耐える力が強くないため，腸管内容物の pH が酸性に傾くと生きていくことが難しくなると考えられています。

　三つめの可能性として，乳酸菌が何か悪玉菌に特異的な殺菌成分のようなものを生成して，悪玉菌を狙い撃ちにして撃退している，というようなことは無いのでしょうか。微生物が作る天然の有害菌排除のメカニズムに抗生物質があります。これらの物質は多くは青カビ等のカビ類や放線菌などが生成していることが知られており，現在では使いやすいように化学修飾されているものが使われています。乳酸菌にはこのような他の微生

物の生育を抑制したり，殺してしまうような物質の生成は行っていませんが，似たような性質を持つ物質を作る乳酸菌もいることが知られています。その物質はバクテリオシンと呼ばれるタンパク質性の物質で，同族である他の乳酸菌の生育を抑制したり，著しい場合には殺してしまったりすることが知られています。なぜ，乳酸菌はそのような味方を殺してしまうような物騒な物質を進化の中で作るようになったのでしょうか？　おそらく，乳酸菌が自分たちの生育に都合の良い生存環境（生態学ではニッチと言います）を手に入れようと，前述のように乳酸で環境を酸性にすることで多くの微生物には酸っぱすぎて生育できなくなります。乳酸菌には自分の作った乳酸に負けないような仕組みがあるので，他の菌が死滅した後でも生きていくことができます。そう考えるとせっかくの環境を独り占めするためには他の乳酸菌と戦うことが必要になるので，バクテリオシンのような乳酸菌の仲間だけを殺す物質が必要になったのだと考えられています。バクテリオシンを作る種類の乳酸菌を食べた時は，そのバクテリオシンが効果を及ぼすのは同じ乳酸菌の仲間や一部の悪玉菌であることが知られています。

①消化液に耐えて小腸に到達する能力
②他の微生物と栄養を競争的に取り合う能力
③取り込んだ栄養からたくさんの乳酸を作り
　出す能力
④同族の乳酸菌の生育を阻止する能力

図 39-1　乳酸菌が悪玉菌を減らす要因

以上で見てきましたように乳酸菌には「消化液に耐えて小腸に到達する能力」と「他の微生物と栄養を競争的に取り合う能力」、「取り込んだ栄養からたくさんの乳酸を作り出す能力」、「同族の乳酸菌の生育を阻止する能力」等を持っていることがわかりました。これらの中で悪玉菌と呼ばれる菌を減らす効果に一番寄与しているのは乳酸を作る能力と言えそうです。

乳酸菌のユニークな
機能研究とは?

Answerer　山本 直之

　乳酸菌にはさまざまな保健機能があることは多くの研究で示されていますし，その後，特定保健用食品や機能性表示食品などへの使用により，その効果をより実感しやすくなることは，すでに述べてきました。一方，最終製品にはまだ十分利用されていなくても，研究のレベルでは最近さまざまなユニークなプロバイオティクス効果の報告が増えてきました。ここでは，いくつかのユニークな研究に関して紹介しますが，すぐにこのような効果がヒトで期待できるかどうかまだわかりません。最近の研究成果の中で，ヒトでの研究結果に関していくつか例を挙げて紹介します。

皮膚年齢の改善

　通常，プロバイオティクスは，免疫，ストレス，炎症など消化管の機能に関連する機能や生活習慣病に関連する健康機能に対する報告が主なものですが，特に，免疫機能に関しては，腸管で信号を受けた後その作用が全身に及ぶことから，免疫調節作用がきっかけとなり，さまざまな機能に影響することが考えられます。近年，免疫機能に関連したユニークな研究成果が報告されています。この報告によれば，ラクトバチルス・プランタラム（*Lactobacillus plantarum*）のある種の株を用いて，皮膚の機能に対する影響が評価され，その結果が確認されています[1]。この試験では，41〜59歳の110名のボランティアに対して試験が行われました。乳酸菌を毎日100億個，12週間にわたり投与した場合，肌の水分含量が有意に増加し，肌のしわの深さが有意に低下しました。また，肌の柔軟性が，摂食期間

を長くするほど改善されました。この乳酸菌の効果は，免役作用を通した抗加齢効果として説明されていますが，詳細なメカニズムや菌株特異性などに関しては，まだ十分には明らかにされていません。しかし，もしこの研究成果が，今後ヒト試験で再現的効果が確認されるようなことがあれば，他の乳酸菌を用いても同様な効果が期待できる可能性もあります。

脳機能の改善

　私たちの腸管にはさまざまな重要な機能があることが知られています。すなわち，腸管には，食事を通して摂取した栄養素を分解・吸収するだけではなく，免疫系機能，内分泌系機能，神経系機能に関連した役割を担っています。免疫系に関しては，全身免疫システムの6～7割程度を腸管が行っているとされています。腸管に存在するパイエル板と呼ばれる免疫システムに，免疫に関連するさまざまな免疫関連細胞が存在し，体の中に入ってきた病原菌や食事成分などを認識して，免疫反応を起こすと考えられています。内分泌系に関しては，血糖値などに応じて，食欲をコントロールするなど重要な機能を果たしています。また，神経系に関しては，腸管上のレセプターに食品成分などが作用した場合に，腸管から脳に通じる神経系が働き，脳機能に影響を与えることが示唆されています。ここでの脳と腸の機能が連動することを「脳腸相関」と呼ばれています。例えば，プレゼンテーションなどで緊張した場合，食欲が落ちることなども，脳腸相関の一つと考えるとわかりやすいことです。

　最近，プロバイオティクス摂取により，脳機能改善に対する

効果について研究成果が報告されています。この試験において
は，81名のうつ病患者（平均年齢36.5歳）を28名のプロバ
イオティクス群，27名のプレバイオティクス群，26名のコン
トロール（プラセボ）群に分け，それぞれの試験サンプルを8
週間投与し，うつ病に関連する症状スコアにより改善効果を評
価しました[2]。プロバイオティクスとしてはラクトバチルス・
ヘルベティカス（*Lactobacillus helveticus*）とビフィズス菌
（*Bifidobacterium longum*），プレバイオティクスとしては，ガ
ラクトオリゴ糖を用いました。その結果，プロバイオティクス
投与により，プラセボ群に比べて，症状スコアが有意に改善し
ました。しかし，プレバイオティクス群では，そのような改善
効果は確認できませんでした。このような脳腸相関によると考
えられる機能に乳酸菌が影響することに関しては，研究成果が
まだ十分蓄積されていませんが，今後，ヒトでの実績が増え，
より一般的に利用されることを期待したいものです。

参考文献 1) Lee DE, Huh CS, Ra J, Choi ID, Jeong JW, Kim SH, Ryu JH,
Seo YK, Koh JS, Lee JH, Sim JH, Ahn YT. J Microbiol
Biotechnol. 2015, **28**, 2160-2168.
2) Kazemi A, Noorbala AA, Azam K, Eskandari MH, Djafarian K.
Clin Nutr. 2019, **38**, 522-528.

欧州のスーパーマーケットのチーズ売り場

Section 5

乳酸菌を
摂取する

乳酸菌はたくさん食べても安全ですか？

Answerer 五十君靜信

　乳酸菌は，人や動物に健康効果が期待できることが知られており，積極的に摂取することが良いとされています。乳酸菌は，代表的なプロバイオティクスでお腹の調子を整える，免疫を活性化する，アレルギーの症状を抑えるなどの人や動物への多種多様な機能が報告されています。その機能のメカニズムを示した論文も報告されており，乳酸菌の持つ機能は科学的にも確認されているといえます。このような情報から，乳酸菌は万能薬のように感じるかもしれません。しかし乳酸菌は決して薬のように強力な作用を示すわけではありません。乳酸菌は食品として長期にわたり摂取することで穏やかにその効果を現すといえます。薬をイメージするとたくさん飲みすぎると有害ではないかと考えるかもしれませんが，これまで伝統的な発酵食品を世界中の一般の人が大量に食べ続けてきたにもかかわらず，それが原因で健康障害を起こしたという報告はありません。

　生きている乳酸菌の安全性については，感染症の原因菌のように動物などを用いて病原性や毒性を調べても，明らかな毒性や病原性が観察されることはありません。乳酸菌類は長い間食品として人や動物に安全に食されてきた歴史があることから，国際酪農連盟がまとめた「食品として安全に食べられてきた経験のある微生物リスト」に私たちが食品とともに摂取してきたほとんどの乳酸菌が掲載されており，国際的にも安全な微生物と認識されています。食品ですから，食べる菌数に制限がありません。いくら食べても安全であると考えられています。

　市販のヨーグルトには，1g当たり 10^8〜10^9 個の乳酸菌が含まれています。これを100g食べたとすると，10^{10}〜10^{11} 個

5

乳酸菌を摂取する

もの乳酸菌を食べることになります。すなわち100億個以上の乳酸菌を食べていることになります。それでも，健康を害した人はいません。むしろ乳酸菌の健康効果を実感している人が多いと思います。100億個というとすごい数のように思われるかもしれませんが，人の腸管の中には腸内細菌が生息しておりその総数は，10〜100兆個と言われています。それに比べたら通常摂取する乳酸菌の数はそれほど多いわけではありません。全く細菌がいない無菌動物を使った実験では，乳酸菌だけを飲ませ定着させた動物を作ることができます。このように仮に腸内をすべて乳酸菌とした場合でも，明らかな健康障害は観察されていません。

　一方では，プロバイオティクスがヒトの病巣から分離された（病巣の中に善玉菌がいた）という論文が報告されていることも事実です。病巣からの分離報告は，一部の菌株で報告されているようです。その病巣形成には，細菌側の因子も関わっている可能性が議論されていますが，はっきりとした病原因子のようなものが特定されているわけではありません。病巣形成は，生体側の要因が大きく関わっていると考えられています。これまでの病巣形成の報告は，細菌として明らかな病原性があるというわけではなく，生体側に問題がある場合に非常に稀に観察される例であるといえます。プロバイオティクスには，生体へのはっきりとした侵入メカニズムは知られておらず，病巣形成には，それに先立つ体内への移行（トランスロケーション）が発生しており，その後生体内で，血小板の凝集などの何らかの作用により，病巣形成が成り立つものと考察されています。通

常のヒトにおいては乳酸菌を大量に食べたとしても病巣が形成
されることはまず無いと考えてよいようです。

5

乳酸菌を摂取する

自分に合った乳酸菌を
どう選べばよいの？

Question 42

Answerer 山本 直之

一般的に，乳酸菌は健康に良いと考えられていますが，どのように自分に合ったものを選べばよいのでしょうか？　乳酸菌の選択は簡単なことのように思いますが，意外にどのようなことがポイントなのかあまり知られていませんし，面倒に感じる方が多いかもしれませんので，ここでは乳酸菌選びのポイントについて整理してみました。

健康機能分野

どのような保健効果を自分は一番期待したいのか？　ということをまずは最初に明確にする必要があります。整腸作用，免疫賦活作用，アレルギー調節作用，血圧降下作用，大腸炎予防効果など，たくさんの保健効果に関する情報が身のまわりにはありますが，最も自分の希望に合う健康機能を一つだけ選ぶことから始めてみます。大事なことは，一つの乳酸菌でマルチな健康機能を期待するのではなく，一つの機能を考えることが大切です。なぜなら，一つの機能を発揮するために選抜・開発された乳酸菌は，通常，他の機能は期待できないからです。

製品の研究実績

一つの健康機能に関して興味が整理できた場合，製品を用いての研究実績を少し調べてみます。さまざまな関連製品が考えられますが，試験データが充実しているものと，ほとんどデータがないものなど市場には混在しています。最も日常生活で目にすることが多いのは，スーパーマーケットなどで販売されているヨーグルトや乳酸菌飲料ですが，通信販売では，サプリメ

ントも多く発売されています。一般消費者が健康機能の研究実績を調べるのは難しいかもしれませんが，「特定保健用食品」や「機能性表示食品」，と記載があるかどうかを確認してみることも有用です。「特定保健用食品」は消費者庁が機能表示に関して許可を出しているものですし，「機能性表示食品」は企業が機能表示に関して責任を持つものですので，研究実績が豊富にあります。一方，免疫機能など，一部の健康機能に関しては機能表示が認められていませんが，アレルギーの改善など研究実績が充実しているものもありますので，企業のホームページでどの程度の研究実績があるのかを確認することが重要です。特に，動物での試験実績ではなく，ヒトでの試験実績に関しての情報を調査してみることが重要です。乳酸菌の含有量のみをアピールしているような製品もありますが，ヒトでの評価実績がなければ健康機能に関して全く意味がありません。

実感性確認

　自分の興味のある健康機能に関して一つの製品を選択したとしても，その効果が実感できるかどうかを確認するために，その製品を購入して，しばらく自分でその効果を試してみることが大切です。多くのサプリメントでは，1か月分程度の用量がまとめて販売されていますので，まずは1か月間継続して，その効果を体験してみることが必要です。製品によっては具体的継続期間目標が説明されていることもあります。もし，1か月間程度，製品の継続利用を行っても効果を全く感じない場合，自分にはその製品が合わないのか，その製品に機能効果がない

5

乳酸菌を摂取する

①自分が期待する保健効果を一つに絞り込む

②効果実績の確認

③１か月程度継続して効果を確認

④風味やコストが継続に影響しないか確認

図42-1　乳酸菌選びのポイント

のか，など考えてみます。機能性食品であっても，体質的に効果が出にくいケースもあるのです。

風味評価

　いくら健康機能性が実感できても，食品として継続使用することが難しい場合，長期の使用は困難になる可能性があります。例えば，ヨーグルトや乳酸菌飲料などは食生活の中で，その風味を楽しむという視点で，継続が比較的容易なものですが，風味評価が悪く，継続的に摂食することが難しいケースもありますし，サプリメントなどは風味を楽しむというより，形状の大きさや食生活スタイルへの習慣化などから継続が難しいケースもあります。また，通常サプリメントを１か月継続使用する場合，2000〜5000円程度の出費がかかりますので，経済的負担も継続使用には大きな判断要素となります。

　このように，乳酸菌の健康機能を期待して，製品を選択するのは簡単なことではありませんが，時間をかけて継続的に検討することが必要です。特に，「どのような効果実績があるのか」ということと，「その効果が自分で体感できたかどうか」ということが，重要なポイントになります。

乳酸菌によってチーズの味も変わる？

Answerer　加藤　祐司

　　乳酸菌はチーズを製造する際に乳酸を生成し，その後の発酵・熟成の段階でタンパク質を分解してアミノ酸を生成することにより，チーズの風味づくりに大きく関わっています。

　　世界には1000種とも2000種とも言われるチーズが存在していますが，農家製のチーズは作り手の想いが美味や香りを作り出し，同じ乳酸菌を使っていても作り手の違いによって異なる味や香り楽しむことができます。特にヨーロッパでは限定された地域で作られているものが多く，その土地に由来するチーズ名が多いのも特徴の一つです。

　　代表的なチーズに使用される乳酸菌と，同じ菌で作っても味わいの違うチーズをいくつか紹介します。熟成期間の違いによっても味は随分変わり，期間が長いほどアミノ酸が分解されうま味成分が増していきます。使用乳酸菌が不明なミステリアスなチーズもあります。

モツァレラ（ストレプトコッカス・サーモフィラス）

　　モツァレラは，作りたてで食べられるチーズです。熟成とは無縁で少しの酸味と甘味がありやさしいミルクの香りがします。イタリア原産ですが，今では世界の広範囲で製造消費されるようになっています。もとは水牛のミルクが主流でしたが，今では牛のミルク製のもの多く出回っています。トマト＋モツァレラ＋バジルを合わせるカプレーゼは外せない定番で，この赤・白・緑はイタリアの国旗になったといわれるほどです。日本でも近年イタリアンレストランが増え，宅配ピザも定着していて欠かせないアイテムとなっています。

5

乳酸菌を摂取する

図43-1　モツァレラ（左上），エメンタール（右上）
　　　　パルミジャーノレジャーノ（左下，右下）

エメンタール（ストレプトコッカス・サーモフィラス，ラクトバチルス・ヘルベティカス，プロピオン酸菌）

　さわやかな甘味がありナッツのような風味で塩分が少なく，淡白な味わいです。チーズの中では一番大きく，130kgになるものもあります。中にホール（穴）ができますが，これはプロピオン酸菌のなせる業です。カットした時この穴の中に水滴が見られることがありますがこれは「チーズの涙」と呼ばれています。ご存じのチーズフォンデュには，このエメンタールとグリエールの使用が定番となっています。

パルミジャーノレジャーノ（イタリアの限られた地域で生産され，数種類の高温菌を使用していることは確かですが，何が使用されているかは今もって秘伝・門外不出となっています。）

　タンパク質のアミノ酸が一部グルタミン酸に分解されて上品でコクのあるおいしい味になっています。長期間熟成させてい

る間にチーズ中に白い点々が見られるようになりますが，この点々は正にグルタミン酸＝うま味成分そのもの，おいしさの根源なのです。1000年以上も前から作られていてイタリアチーズの王様と言われています。トッピング用として粉砕されたものもありますが，このチーズは必ず塊を手に入れ，その場で直接料理に摺り下ろして本物のすばらしい味と香りを楽しんでください。

チェダー（ラクトコッカス・ラクチス，ラクトコッカス・クレモリス）

すっきりとした酸味のあるチーズです。熟成が進むとほのかな甘味とナッツのような風味が出てきます。他のチーズとの一番の違いは，製造工程の中にチェダリングという独特の工法があることです。農家製のチェダーはチェダリングを手作業で行いますが，企業製はすべての工程がオートメーションのチェダリングマシーンで作られています。アナトーという天然の植物から採る色素を使ってオレンジ色にしたレッドチェダーもあります。日本に多く輸入されており，これもプロセスチーズの原料としての使用が多くなっています。

ゴーダ（※4種混合菌）

軽い酸味があり，クリーミーで口当たりもよく，おつまみとしても利用しますが，オランダでは製造するチーズの半分以上がこのゴーダチーズです。熟成が進むととてもコクのある味わいとなりおいしさが増します。日本にも多く輸入され，主にプロセスチーズの原料として使用されていますが，日本のプロセ

図43-2　チェダー（左上），ゴーダ（右上）
　　　　ブルーチーズ（左下），カマンベール（右下）

スチーズは世界に誇れる味に仕上がっています。

ブルーチーズ（※４種混合菌＋青カビ（ペニシリウム・ロックフォルティ））

　一番塩分が強いチーズですが，クリーミーで青カビ特有のピリッとした味が特徴の個性を主張するチーズです。カットするとマーブル状の美しい模様が一面に広がります。ロックフォール（フランス），スティルトン（イギリス），ゴルゴンゾーラ（イタリア）は，世界３大ブルーチーズといわれています。ロックフォールはフランスの南部・ロックフォール村の自然の洞窟の中で熟成されたものだけが名乗れる名前です。スティルトンとゴルゴンゾーラは牛乳で作りますが，ロックフォールは羊乳100％。羊乳独特のクセがあるので苦手な人もいますが，このクセにハマってしまう人もたくさんいます。

カマンベール（※4種混合＋白カビ（ペニシリウム・カンジダム等））

　第二次世界大戦の上陸作戦で有名なノルマンディ地方で作られています。カマンベールも地名です。ベルベット状の真っ白いカビに覆われていてクリーミーでやわらかく，芳香な風味の食べやすいチーズです。250g で直径約11cm 位の大きさのものが標準サイズのカマンベールです。ノルマンディ地方は有数のリンゴの産地ということもあって，薄く切ったリンゴに薄くカットしたカマンベールをのせて食せば，相性の良さをおわかりいただけると思います。同じ白カビチーズの仲間で直径が36〜37cm で約3kg という大きさのブリーというチーズがありますが大きく作られている分，味わいもひとしおです。

　※4種混合菌：ラクトコッカス・ラクチス，ラクトコッカス・クレモリス，ラクトコッカス・ジアセチラクチス，ロイコノストック・クレモリス

乳酸菌を多く摂っている国は？

Answerer 加藤 祐司

　乳酸菌の摂取量を考える時，チーズ・ヨーグルト・乳飲料・健康食品・一般的な食事等々，いろんなものからの摂取が考えられます。どのような食品からの乳酸菌摂取が一番多いのでしょうか？

　まずチーズから摂取する乳酸菌を考えてみましょう。セミハードチーズのカードの中には，製造24時間後に1g当たり10億個の乳酸菌が入っています。例えば**表44-1**のように，デンマーク・アイスランド・フィンランド等の北欧では，年間一人当たり27kg以上のチーズを食べています。これを単純に365日で割ると1日約74g，乳酸菌に換算すると1日にチーズからだけで約740億個摂取していることになります。時間の経過とともに死滅し死菌となりますが，トータルでの乳酸菌の摂取量に大きく貢献することには変わりありません。それに加えて発酵乳からの乳酸菌摂取量がこれに上乗せになります。北欧ではチーズ以外に，発酵乳製品（ヨーグルト，ウイマー，スキールなど）を多く摂っていますので，乳酸菌の摂取量も当然多くなります。

　長い間，フランスが世界一を誇っていましたが，直近のデータでは**表44-1**のようにデンマークがトップになりました。続いてアイスランド，フィンランド，いずれも北欧勢です。僅差でフランスが続きます。日本は2011年に一人当たりの年間消費量が2kg台に乗り，やっと2.6kg台になったところです。ちなみに韓国の年間一人当たりのチーズ消費量は2.8kgです。

表 44-1　世界各国の一人当たりチーズ年間消費量（2016年度）

1位 デンマーク 28.1kg	2位 アイスランド 27.7kg	3位 フィンランド 27.3kg
4位 フランス　　27.2kg	5位 キプロス　26.7kg	6位 ドイツ　24.7kg
7位 スイス　　　22.2kg	8位 オランダ　21.6kg	9位 イタリア　21.5kg
10位 オーストリア　21.1kg		≈ 日本　2.66kg

資料：JIDF 世界酪農情況 2017 より。日本の消費量は，農林水産省「チーズ需給表」
（2017年チーズ消費量÷総務省 統計局 2017 年 10/1 現在人口）

　フランスの人口は約6700万人。長い間チーズの年間一人当たりの消費量は世界一でした。デンマークにその座を譲ったとはいえ，チーズの種類が一番多いのは，今も変わらずフランスで300種類以上あります。セミハードからコンテ等の硬質チーズ，ロックフォールという青カビチーズ，カマンベール・ブリー等に代表される白カビチーズ，さらにサントモール・ド・トゥーレーヌ，フレッシュ系のフロマージュブラン等々，1村1品といわれるほど多種多様なチーズが存在しています。今なお上位に位置することに変わりはありません。ただしフランスの26kgという数字には，海外からの観光客の消費・購買量も含まれているのではないかと推察されるところがあります。

　アイスランドの面積は北海道よりやや大きく人口は約35万人。年間一人当たりの消費量は27kgですが，この中にはスキールというフレッシュチーズが大半を占めています。ドイツの人口は約8000万人，チーズの年間消費量は一人当たり24kgで6位となっていますが，半分はクワルクというフレッシュチーズの消費です。このようにヨーロッパでは，フレッシュ系の地チーズが多いので，乳酸菌の摂取も多くなります。

近年日本の乳酸菌市場では，死菌が話題に上ります。法的に生菌・死菌を区別した表示は求められていませんのでどちらを使っても「乳酸菌〇〇個入り」となります。100年近い歴史を誇る“初恋の味”の乳飲料は，変わらず今も健在です。生菌を使用するヨーグルト・ドリンク類の摂取，さらに健康食品として生菌・死菌で摂ることも増加しています。日本では，昔から味噌や醤油，漬物などの乳酸菌を含んだ発酵食品を食べてきました。ひと昔前まで欧米では，大豆は家畜の餌としか考えられていませんでしたが，世界的にベジタリアンやビーガンが増えつつあり，大豆の利用に目が向けられています。大豆のヨーグルト・発酵ドリンクや果汁発酵製品，野菜の発酵製品からの摂取も加わっています。

　アメリカは人口3億2千万人超，年間一人当たりのチーズ消費量は15kgですが，実は健康食品としてプロバイオティック乳酸菌が一番多く使用・消費されています。始まりは1938年にデンマーク市場で販売されていたA38と言う名前のラクトバチルス・アシドフィラスを健康食品として売り始めたところからといわれています。品名のAは菌名のAcidophilusから，38は1938年に開発されたことによります。今もアメリカ市場のプロバイオティック乳酸菌は，ラクトバチルス・アシドフィラスが大半を占めていますが，最近では世界的に8種・10種など数種類のプロバイオティック乳酸菌を混ぜた健康食品が増加しています。人により腸内菌叢（腸内フローラ）は違うと言われています。摂取する菌種が増えれば“下手な鉄砲も”ではないですが，摂る人の腸内菌叢へ及ぼす影響が，期待

されるところです。

　上記のすべてをトータルすると，世界で一番の乳酸菌を使用・摂取する量が多い国は，健康食品からの摂取が多いアメリカではないでしょうか。アメリカは，未だに国民皆保険制度がなく，病気になると多額の医療費が掛かります。そのような事情もあり自分の健康を守るために健康食品の摂取が多いのかもしれません。私たちも日頃から，健康維持の要になる腸内フローラによい影響を与える食品を取り入れることを心掛けたいものです。

5

乳酸菌を摂取する

見えない乳酸菌をどう捉える？

Answerer　加藤 祐司

　乳酸菌はヒトの眼では見えません。眼には見えない菌の存在をどう捉えていたのでしょうか。

　デンマークではその昔，乳が酸っぱくなるのは悪魔がそうしていると考えられていました。そのことを壁画として描いたものが，1450年頃創立の Tingsted church（教会）にあります（**図45-1**）。

　その後，1857年にパスツール（Louis Pasteur・フランス）は牛乳が酸敗するとそこに酸を生成する生き物がいることを見つけました。彼はこれを乳酸酵母と呼びました。菌の命名にも紆余曲折があり，1873年にリスター

図45-1　乳を酸っぱくしている悪魔の図

（Joseph Liste・イギリス）が最初バクテリウム・ラクチス（Bacterium lactis・酸生成細菌）と名付けましたが，後にストレプトコッカス・ラクチスとなり，さらにラクトコッカス・ラクチスになりました。時代とともに顕微鏡などの機器が発達し，より詳しくより精密に分析できるようになったのです。

　その後カールスベルグのビール会社で，オーラーイェンセン（Orla-Jensen・デンマーク）が，乳酸菌を見つけました。これを系統的に分類して1919年に「乳酸菌」という本を出版しま

した。

　それ以前の1912年に「乳微生物」という教科書を書き下ろしていますが，この本はそれ以後デンマークの乳製品製造に携わる人々が学ぶデーリースクール（乳業専門学校）とコペンハーゲン大学（旧王立酪農大学）の教科書として長年にわたり使用され，現在も内容を改定しながらずっと引き継がれています。両学校は世界に門戸が開かれ各国のからの留学生を受け入れています。

5

乳酸菌を摂取する

乳酸菌は単菌，複合菌どっちがいいの？

Answerer 木元 広実

　単純にどちらが良いとは言えないのが答えになります。

　乳酸菌は牛乳や野菜などの食品素材の発酵において大きな役割を果たしている細菌ですが，実は，素材の自然発酵過程で単一（1種類）の乳酸菌で発酵が完成することは多くはありません。乳酸菌にはこれまで350種類以上の菌種が見つかっており，さらに，同種の菌でも菌株（分離株）ごとに性質が異なります。複合菌（複数の微生物）で発酵を行う代表的な例にはヨーグルトがあります。日本では「ヨーグルト」とは一般名であり，法律上は発酵乳と呼ばれます。乳製品に関する国際規格によると，ヨーグルトは，「ラクトバチルス・ブルガリカス（*Lactobacillus delbrueckii* subsp. *bulgaricus*：ブルガリア菌）とストレプトコッカス・サーモフィラス（*Streptococcus thermophilus*：サーモフィラス菌）の2種類の乳酸菌を用いて乳を発酵させ，製品中にこれらの乳酸菌が多量に存在していなければならない」と定義されていますが，日本ではこの2種類の乳酸菌に限らず幅広い種類の乳酸菌やビフィズス菌を用いて乳を発酵させています。

　ではなぜヨーグルトはこの2種類の乳酸菌を用いて作られるのでしょうか。乳酸菌が生育するためには糖，アミノ酸，ビタミンなどを必要とします。ブルガリア菌，サーモフィラス菌はそれぞれ単独では牛乳中での生育が良くないことが多く，混合して培養すると乳中で良く生育するようになります。これは，ブルガリア菌は生育にギ酸という物質を必要としますが，自身では十分にギ酸を作ることができないため，サーモフィラス菌が産生するギ酸を利用して生育します。一方，サーモフィラス

菌は牛乳に含まれるタンパク質の分解力が弱いため，タンパク質分解物であるアミノ酸が不足し，単独では牛乳中での生育が良くないのですが，ブルガリア菌と一緒に培養すると，ブルガリア菌がタンパク質を分解して作ったアミノ酸を生育に利用します（**Q23参照**）。このように，お互いに必要となる物質のやり取りをして生育する関係を共生関係と呼びます。この場合は，複合菌の方が良いと言えます。ヨーグルトの他にチーズの製造でも複数の乳酸菌が使われることが多いのですが，これらは共生関係というよりは，それぞれの乳酸菌がチーズの風味醸成に果たす役割が異なり，複合して用いることで複雑な風味を形成します（**Q43参照**）。乳酸菌と乳酸菌以外の微生物（酵母，カビなど）が共存してそれぞれの役割を果たして作られる食品（白カビチーズ，パンなど）も数多くあります。

　では単一菌の魅力はどのようなものでしょうか。1種類の菌が注目されるのは，健康機能に特化した，「プロバイオティクス」の機能を最大限に活かすような場合です。「プロバイオティクス」とは，「適量摂取した際に宿主の健康維持に有益な働きをする生きた微生物」（FAO/WHO，2002）と定義され，乳酸菌は代表的なプロバイオティクスです。プロバイオティック機能としてよく知られているのは，整腸作用や花粉症の症状緩和作用，ピロリ菌の増殖抑制作用のほか，内臓脂肪蓄積低減作用についても報告があります。しかし，これらの乳酸菌の効用（機能性）については菌種でなく菌株に特異的なものであり，すべての乳酸菌が機能性を持つわけではありません。そこで各メーカーが開発したプロバイオティック乳酸菌には，同種の乳

乳酸菌を摂取する

酸菌と区別するために，○○株，○○乳酸菌といった名前が付いているのです。これらは単一菌であり，単独で機能を発揮します。これらプロバイオティック乳酸菌については，一定量の菌数を体内に取り入れないと機能を発揮することはできません。プロバイオティック乳酸菌の中には，乳中での生育が悪いもの，風味が劣るものもあり，その場合は乳中での生育に優れた乳酸菌と混合して培養するか，乳に生育促進物質を添加して培養します。したがって，プロバイオティック乳酸菌が他の微生物と共存できれば良いのですが，場合によっては，他の微生物の影響により生育が阻害されると菌数が低下しますので，単一菌のサプリメントとして利用されている例もあります。また最近では，機能にもよりますが，生きていなくても機能を発揮できる乳酸菌も見出され，その場合は他の微生物の影響を受けることがないため，お菓子などの食品に菌体を添加して利用するといった機能性を持つ乳酸菌の利用が，ヨーグルト，乳酸菌飲料だけでなく，さまざまな食品として応用できるようになってきています。

乳酸菌は死んでいても効果があるか？

Answerer　何　方

乳酸菌

　乳酸菌とはもともと糖類を分解して多量の乳酸を作る菌の総称です。乳酸菌が糖から乳酸を作ることを「乳酸発酵」と言います。乳酸菌はこの乳酸発酵によってヨーグルトをはじめとするさまざまな発酵食品の製造に使われています。乳酸発酵では酸が作られるため，ヨーグルトのような発酵食品が酸性になり，腐敗菌や病原菌が増えるのを防ぎ，長い期間消費することができます。また，乳酸発酵により，牛乳は消化・吸収されやすい形に変わります。したがって，こういう特性により，牛乳を飲むと，お腹がゴロゴロする乳糖不耐症と言われている人々も，ヨーグルトなら食べられるようになります。乳酸菌のこれらの乳酸発酵を介した「機能性」は乳酸菌の生菌体に依存していますので，乳酸菌の死菌体にはこれらの機能は期待できません。

プロバイオティクス，バイオジェニクスとしての乳酸菌

　近年，プロバイオティクスの定義に変化が見られ，通常，プロバイオティクスは生菌であるとされていましたが，死菌も含めてもよいという見解も提案されています。実際に，昔から乳酸菌の菌体及び関連代謝産物が腸内菌叢を介さずに直接宿主に作用することも知られていました。すなわち，生きた乳酸菌はもちろん，乳酸菌の酵素や菌体成分，あるいは，乳酸菌の発酵によって作られる数多くの生成物もヒトに有用な働きをするものが報告されています。例えば，数十年前に行われていたある有名な動物試験において，普通飼料，牛乳14％添加飼料，殺菌酸乳14％添加飼料をマウスに与えたところ，普通飼料群，

5

乳酸菌を摂取する

牛乳投与群がそれぞれ平均寿命84.9週と84.4週で変わらなかったのに対し、殺菌酸乳投与群では平均寿命は約7週間（8％）伸び、91.8週という結果が得られています。

1998年に光岡知足博士は新たな定義として「バイオジェニクス」という考え方を提唱しました。バイオジェニクスとは「腸内フローラを介することなく、直接、免疫賦活、コレステロール低下作用、血圧降下作用、造血作用などの生体調節・生体防御・疾病予防回復・老化制御等の生体に働く食品成分」と広く定義付けられています。殺菌された乳酸菌や乳酸菌の菌体成分、代謝産物はこのバイオジェニクスと位置付けられます。乳酸菌の死菌には、乳酸菌を構成する菌体成分や増殖する際に乳酸菌が作り出した発酵生産物が含まれています。これらを摂取することで、免疫系を通して体全体に作用し、健康効果が発揮されます。このような乳酸菌の死菌の菌体成分や発酵生産物は、生きた乳酸菌を指すプロバイオティクスに対して、バイオジェニクスと呼ばれ注目されています。

近年、乳酸菌の加熱死菌体の機能性とその作用機序、さらに関与成分などに関する研究はより多く行われています。これらの研究において、乳酸菌の加熱死菌体は免疫賦活作用を介して脂肪細胞の分化を抑制することで脂肪蓄積を減少させ、高脂肪食誘導の肥満マウスの肺のNK細胞関連遺伝子の発現量を増加させました。一方、ラットに高脂肪食と乳酸菌の加熱死菌体を試験開始時より投与した結果、ラット体重の増加が軽減され、同時に血糖値及びLDLコレステロールが減少し、血中のリンパ球数及び白血球数を高め、免疫賦活能を改善しました。乳酸

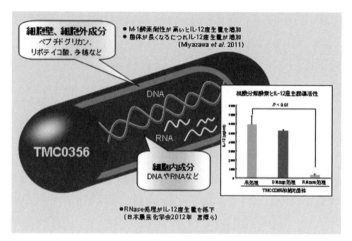

図47-1 *Lactobacillus gasseri* TMC0356 加熱死菌体の可能性

菌の加熱死菌体は乳酸菌の生菌体と同様にマウス呼吸器官の免
疫力を強化し，インフルエンザウイルス感染による死亡率を低
減しました。さらに，中高齢者を対象とした乳酸菌の加熱死菌
体の免疫賦活効果を二重盲検法で検討したところ，乳酸菌の加
熱菌体の摂取により，試験に参加した中高齢者らの免疫力スコ
アが高まり，Ｔリンパ球年齢が向上し，免疫力の改善が示唆さ
れました。一方，乳酸菌の加熱死菌体の持つ免疫賦活作用は乳
酸菌の培養条件，加熱温度等に影響され，関与成分も細胞壁の
他に，細胞内核酸，特にRNAに深く関与されていることも明
らかにされていますが，まだ不明な点が多くあり，今後更なる
研究が必要と考えられます。

参考文献 1) 光岡知足 2011. プロバイオティクスの歴史と進化. *Japanese Journal of Lactic acid bacteria* **22**(2)：26-37.

2) Kenji Miyazawa, Fang He, Kazutoyo Yoda, Masaru Hiramatsu. 2012. Potent effects of and mechanisms for modification of crosstalk between macrophage and adipocytes by lactobacilli. *Microbiol. Immunol*. **56**(12)：847-854.

3) Manabu Kawase, Fang He, Akira Kubota, Kazutoyo Yoda, Kenji Miyazawa, Masaru Hiramatsu 2012. Heat-killed *Lactobacillus gasseri* TMC0356 protects mice against influenza virus infection by stimulating gut and respiratory immune response. *FEMS Immunol. Med. Microbiol*. **64**(2)：280-288.

4) Lei Shi, Ming Li, Kenji Miyazawa, Yun Li, Masaru Hiramatsu, Jiayu Xu, Cai Gong, Xiaofan Jing, Fang He, Chengyu Huang 2013. Effects of heat-inactivated *Lactobacillus gasseri* TMC0356 on metabolic characteristics and immunity of rats with metabolic syndrome. *British J. Nutr*. **109**(2)：263-272.

5) Kenji Miyazawa, Manabu Kawase, Akira Kubota, Kazutoyo Yoda, Gaku Harata, Masataka Hosoda, Fang He. 2015. Heat-killed *Lactobacillus gasseri* can enhance immunity in the elderly in a double blind, placebo-controled clinical study. *Benef. Microbes*. **4**：1-9.

6) 依田一豊, 何 方, 宮澤賢司, 平松 優 2012. *Lactobacillus gasseri* TMC0356 の細胞成分がマクロファージ細胞のサイトカイン産生に及ぼす影響. 日本乳酸菌学会 2012 年度大会.

乳酸菌と気候風土は関係あるの？

Answerer 加藤 祐司

乳酸菌と気候風土には密接な関係があります。乳酸菌は自然界に広く存在しており他の様々な微生物と共存しています。気温が高い地域には高い温度を好む菌が，低いところにもそれなりにそれぞれの土地に根差した菌が生息しています。

乳酸菌の発見・利用・製造等々に関わることの多いヨーロッパの気候風土との関係について，まず地図を見てください。イタリアを軸としてアルプス山脈が傘を広げたように横たわり，まるで壁のように立ちはだかっています。4810mのモンブランを筆頭にいくつもの高い峰々が連なるこのアルプスは，二つの大河の源流となり，西北へ流れるライン河は北海に向かい，東へ流れるドナウ河は黒海に流れ込んでいます。アルプスの南はイタリア，北側はドイツ・北欧。そしてライン河の西はフランスになります。

ヨーロッパでは，このアルプスを境として北と南では気候風土が随分と違います。アルプスの南に位置するスイス・イタリアには高温菌，北側のドイツと北欧には中温菌が生息しています。ライン河の西のフランスも中温菌に適した土地です。このようにその地域・土地の気温や湿度などそれぞれの地の気候風土に適した乳酸菌が存在しています。地域に根差した菌を利用して発酵食品や，いわゆる地チーズといえるものが生まれていきました。フランスでは中温菌で，各村に一つというくらいたくさんの地チーズが誕生し，作られている土地の名前が付けられていきました。ロックフォールはロックフォール村，カマンベールはカマンベール村，コンテはコンテ地方の生まれです。ドイツでは中温菌で作るフレッシュタイプのクワルクが大半を

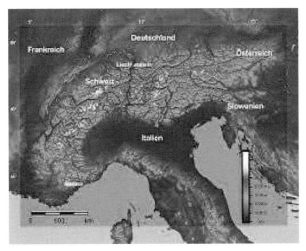

図48-1　ヨーロッパの地理

占めています。

　チーズに利用されている中温菌は4種類の菌の集合体です
（**Q43参照**）。デンマークでは，以前から中温菌（4種混合菌・
DL カルチャー）で作るウイマーという発酵乳製品がありまし
た。これは現在も販売されています。4種混合菌は一つのグ
ループとして見なされ，通称 DL カルチャーといわれています。
デンマークでは，今でもこの DL カルチャーを使用して発酵バ
ターが作られています。セミハードチーズのスターターにも伝
統的に使用されていますが，あまり日本では知られていません。
DL カルチャーが発酵バターとセミハードチーズに使用されて
いるという事実は，乳酸菌は使い方によりそれぞれの目的にか
なった利用のされ方があることを示す好例です。4種混合菌は，
バターづくりでは牛乳の中の脂肪分（クリーム）の発酵，チー
ズ製造ではカードの pH を徐々に下げながら，水分を取り除く
という工程にも寄与しています。

DLカルチャーは，ラクトコッカス・ラクチス，ラクトコッカス・クレモリス，ラクトコッカス・ジアセチラクチス，ロイコノストック・クレモリスの4種の菌の混合です。ラクトコッカス・ジアセチラクチスとロイコノストック・クレモリスは炭酸ガスを生成しますが，ラクトコッカス・ラクチスとラクトコッカス・クレモリスは炭酸ガスを生成しません。このガス生成があるためDLカルチャーを使ったチーズにはホール（穴）が発生します。4種混合菌の存在のお陰で，デンマークではサムソーチーズ，オランダでは有名なゴーダチーズ，フランスでは青カビ・白カビ・セミハードなどのチーズを作ることができるのです。イギリスのチェダーチーズにはガスの生成されないラクトコッカス・ラクチスとラクトコッカス・クレモリスが使用されています。

　アルプスの南に位置するスイスの乳酸菌は高温菌で，山岳地帯の渓谷でエメンタールが作られています。イタリアは各地で高温菌を利用したモツァレラが作られます。北極圏に近い大自然の中にあり，火山の島ともいわれているアイスランドには，高温菌であるサーモフィラス菌とラクトバチルス・ヘルベティカスを使用したスキールという発酵乳があります。北にあってもこの島には多くの火山と温泉があり，その土地の気候風土にあった高温菌が生育・繁殖した好例と考えられます。このように，地域の人はそれぞれの土地の乳酸菌をうまく利用し生活に取り入れています。日本には植物性乳酸菌（プランタラム）と呼んでいるものがあり，メーカーによっては独自の自社菌を保有し使用しています。

乳製品にスターターカルチャーとして使用されている乳酸菌には，前述のように中温菌と高温菌がありますが，これらの菌はもともとその土地の気候風土に適して生育・繁殖し，利用されてきました。従来，バターはクリームの中に生きている微生物が，クリームを自然発酵させることにより作られていました。日本で一般的に販売されているバターは，殺菌という技術が開発されたことにより実用化された時代以降の製品です。発酵乳はヨーグルトに代表されますが，ヨーグルトが脚光を浴びるようになったのはメチニコフによってでした。ロシア人微生物学者メチニコフは1908年に自然免疫と獲得免疫の研究でノーベル賞（生理学・医学賞）を受賞しました。彼はブルガリアを旅行中にヨーグルトを常食しているブルガリア人に100歳以上の長寿者が多いという事実を発見して乳酸菌を含んだヨーグルトを食べることにより腸内菌叢が改善され長寿につながるという説（不老長寿説）を提唱しました。これがヨーロッパで発酵乳製品／ヨーグルトが普及するきっかけを作ったといわれています。ヨーグルトに使用する乳酸菌はサーモフィラス菌とブルガリア菌の2種類です。この二つの菌種は共生関係にありヨーグルト特有の風味を生成します。今日発酵乳と言えばヨーグルトのことになり，日本では年間一人当たり450mL換算で28個消費しています（2017年）。

　プロバイオティック乳酸菌の開発・商品化の歴史は古く1950年代にさかのぼります。イタリアの旧CSL社は1950年代初頭からクリニカルデータに基づき効果効能を公表しながらヨーグルト健康食品を開発・販売してきました。それが今日の

イタリアでのプロバイオティック乳酸菌の隆盛につながることになりました。現在 EU では乳酸菌の効果効能を公表して販売している例は今のところ一つもありません。2019年 EU が犬向けの乳酸菌ラクトバチラス・アシドフィルスの効果効能を認可しました。犬用ではありますが，EU がプロバイオテック乳酸菌の効果効能を認めた唯一のものです。

　気候風土から見てきましたが，乳酸菌は自然界に存在するものだけでなく，ヒト由来の菌もあります。乳酸菌は私たちの身体中のあらゆるところにいて，強い乳酸を生成することで抗菌作用があり，雑菌や有害な菌を抑え，守ってくれているのです。

　近年，腸内フローラと呼ばれる乳酸菌を含む腸内菌叢を良くすることが，健康につながるということへの理解が深まってきています。乳酸菌の上手な利用が健康を維持するために果たす役割は大きなものがあります。それぞれの人には人の乳酸菌・土地には土地の乳酸菌，おいしく食べて健康に！

口腔向け乳酸菌とは？

Question 49

Answerer 山本 直之

　お腹の中に乳酸菌が住んでいることはよく知られていますが，口腔内に乳酸菌が住んでいることに関しては，一般的にはあまり知られていません。お腹の中には約1000種類くらいの腸内細菌が住んでいますが，口腔内にも数百種類の口腔内細菌が住んでいると考えられています。口腔内にも，お腹の中と同じように，酸素が好きな好気性細菌と酸素が嫌いな嫌気性細菌が住んでいて，もちろん乳酸菌も住んでいます。しかし，口腔内の乳酸菌が多いと口腔内のpHが下がり，エナメル質が酸によって溶けやすくなり，歯がダメージを受けやすいと考えられていますので，乳酸菌が増えることは決して良いことではありませんが，乳酸菌の中には良い効果を示すものもあり，口腔用のプロバイオティクスとして使用されているものもあります。

　近年，腸内細菌と同じように，口腔内細菌のさまざまな疾病との関係について研究した報告があり，口腔内の細菌を適正に保つことが大切と考えられています。例えば，最近の研究で興味深いものとしては，虫歯の数と寿命の関係を示す報告が増えています。すなわち，虫歯が少なく，歯が健康な状態に保たれているほど寿命が長いという報告です。これは，大規模な調査により行われたもので，関連性が示されています[1]。さらに，虫歯が少ないほど，アルツハイマー病などの脳疾患のリスクが下がるという報告も増えつつあります[2]。

　歯周病が進むと，炎症部位から歯周病菌が炎症を起こした部分から血液中に入り，血液中で歯周病菌の菌体成分であるリポ多糖が炎症を起こすことが，全身のさまざまな疾病を誘発する原因ではないかと考えられています。歯周病菌により血液に

入ったリポ多糖は，脳ではアルツハイマー病を誘導したり，糖尿病，肝機能，動脈硬化などの悪化にも影響することが示唆されています。

　口腔内の疾病に関しては，歯周病は最も注意すべき疾患ですが，最も病原性が高いとされるのが *Porphyromonas gingivalis* と呼ばれる細菌で，歯周の組織や歯肉の奥にプラークを作り，強い悪臭を放つのが特徴です。また，虫歯の原因菌は，*Streptococcus mutans* と呼ばれる菌で，多量の酸を産生して歯のエナメル質を溶かすのです。このような歯周病菌や虫歯菌を取り除くには，歯磨きが最も大切ですが，最近，口腔内で働くプロバイオティクスが開発されています。

　口腔内のプロバイオティクスとして使用されている乳酸菌としては，お腹の中で働く乳酸菌と同じように，ヒトの口腔から分離された菌がよく利用されています。特に，口腔内のプロバイオティクスついては，歯周病菌や虫歯菌に対して抑制効果がある有用菌が選ばれて使用されることが多いようです。口腔内から分離された菌であれば，口腔内に定着する可能性が高いと考えられますので，より高い効果が期待できる可能性があります。

　それではどのように，虫歯菌や歯周病菌の抑制に有効な菌を選ぶのでしょうか？　いろいろな方法が考えられますが，興味深い研究成果があります。海外での研究成果ですが，歯周病になりにくい家系の人から分離した乳酸菌のプロバイオティクスとしての働きを評価する過程で，歯周病菌に対して増殖を抑制する作用を持つ成分を産生する菌が分離されたのです。歯周病

がない家系の人々ではこれらの有用菌が共有されている可能性
があります。このようにして分離された，歯周病菌抑制プロバ
イオィクスを歯周病の患者に投与してその効果を調査した試験
では，歯周病菌の抑制と歯周病の進行を抑制することに成功し
ています。また，歯周病や虫歯は人間にだけ起こる疾病ではあ
りませんので，ペットへの利用などに関しても用途は拡大して
います。

参考文献　1) Suma S, Naito M, Wakai K, Naito T, Kojima M, Umemura O,
Yokota M, Hanada N, Kawamura T. PLoS One. 2018 Apr 13；
13(4)：e0195813.
2) Laugisch O, Johnen A, Maldonado A, Ehmke B, Bürgin W,
Olsen I, Potempa J, Sculean A, Duning T, Eick S. J Alzheimers
Dis. 2018；**66**(1)：105-114

乳酸菌を生きて届けるための工夫とは？

Answerer　山本　直之

　　乳酸菌は，お腹の中に住んでいますので，お腹の中では安定に生育できると考えられがちですが，すべての乳酸菌がお腹の中に生きて無事に届くわけではありません。また，お腹の中に無事に届いても，定着して生きていけるわけでもありません。

　　それでは，まず，生きた乳酸菌を効率よくお腹の中まで届けるにはどのような工夫があるのでしょうか？　まず，乳酸菌をサプリメントやヨーグルトなどで摂取した場合に，胃の中では胃酸という強い酸にさらされますので，pH が 2 程度になると考えられます。この胃酸のバリアを無事に通過するために，プロバイオティクスとして開発されている乳酸菌では，胃酸に対して強い菌が選択されています。また，十二指腸では胆汁酸が分泌されますが，胆汁酸濃度が高い場合，多くの微生物は死んでしまいますので，胆汁酸に対して強い乳酸菌を選択する必要があります。胆汁酸は，コレステロールの利用等において私たちの生体内では重要な働きをしていますが，プロバイオティクスの利用においては大きな障害となります。胃酸への耐性と同じく，胆汁酸に対する耐性は菌株ごとに大きく異なりますので，胆汁酸に対しても耐性がある乳酸菌が通常選択され，製品に利用されています。さらに重要な点は，私たちの腸管への結合性です。胃酸や胆汁酸に強い乳酸菌を選んでも私たちの腸管に結合する能力が低いと，せっかく選んだ乳酸菌もそのまま体外に排出されてしまいます。腸管に対する結合性の高い乳酸菌を選ぶために，消化管から分離した細胞を用いて結合性を評価する方法が通常用いられています。このように，乳酸菌の胆汁酸への耐性や腸管細胞への結合性を評価して，優れた乳酸菌を選ぶ

ことで，生きた乳酸菌を効率的に体内に届けるための工夫が行われています。

　次に，このように優れた乳酸菌を選んだとしても，それらの乳酸菌が製品中で安定的に生きていないと効果が期待できません。例えば，乳酸菌は酸素があまり得意ではありません。そのために，サプリメントなどでは，酸素をあまり通さない素材を製品に用いて包装したり，容器の中に酸素除去剤を入れて，容器内の酸素を除くような工夫をしています。例えば，ヨーグルトの製造においても，酸素透過性を少なくして，外からの酸素が容器の中になるべく入らないような工夫をしています。

　乳酸菌の仲間であるビフィズス菌は嫌気性細菌であり，腸内でも酸素がより少ない場所でないと住むことができないため，ビフィズス菌を製品に使って生きたまま製品中に維持することはとても難しいと考えられています。ビフィズス菌や乳酸菌を，酸素を含む製品の中で安定に維持するために，菌体の表面を例えば，油脂などでコーティング加工して酸素透過性を抑える技術がよく利用されています（**図50-1**）。菌体をこのような加工処理することで，長い期間にわたり生きたまま製品中に保つことができますし，食べた場合も，胃酸や胆汁酸での耐性も期待できるとされています。一旦，乳酸菌をコーティング処理した場合，サプリメントやさまざまな食品に添加して利用することができます。

　一方，乳酸菌には生きていないと効果が期待できない機能と，菌が死んでいても効果が期待できる機能がありますので，すべての菌が生きていないと効果がないというわけではありません。

「特定保健用食品」や「機能性表示食品」では，製品に含まれる生菌や死菌を用いてヒト試験での有効性の確認をしていますので，菌の数や生きているかどうかなどあまり気にする必要がありません。ただし，機能性食品のようにヒトでの有効性が確認されていない製品に多くの乳酸菌が含まれていても，生体への有効性は期待できません。

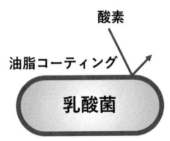

図 50-1　乳酸菌の表層コーティングによる酸素バリア性強化

あとがき

　すでに，乳酸菌については身体に良いものという理解が広く
浸透していますが，具体的にどのような点で効果が得られるの
か，また，私たちの身のまわりの食生活にどのように関わって
いるのかについて，具体的なことについては意外に理解が進ん
でいないように感じます。本書は，難しい専門用語などを極力
使用しないで，一般の方にも理解できるように，50の質問と
いう形式でわかりやすく概説することに賛同いただいた乳酸菌
の専門の先生方のご協力により，取りまとめることができまし
た。このような企画に協力いただいた執筆者の皆様に改めて感
謝いたします。

　執筆いただいた先生方には，それぞれ専門的内容を平易な言
葉で説明に工夫をしていただきましたので，科学的データなど
物足りなく感じる方がいらっしゃるかもしれませんが，本書を
通して，少しでも読者の皆さんの乳酸菌への理解が進むことを
期待しています。

2020年5月

編集代表

山本　直之

索 引

【欧文索引】

16S rRNA　2
DNA　24
IgA　126
IgE　135
MLF スターターカルチャー　69
pH　139
UHT　37

【和文索引】

〔あ行〕

アイラグ　7,89
悪玉菌　34
アミノカルボニル反応　37
アミノ酸　3,72
アメリカ　161
アルコール発酵　30,74
アルツハイマー病　177
アルプス　172,174
アレルギー　111,135
アレルギー症状　12
阿波晩茶　79
生きた乳酸菌　180
胃酸　105,180
イタリア　174
遺伝子　10
胃袋　17
インフルエンザ　127,170
インフルエンザウイルス　131,132
インフルエンザ感染　133
ウイルス　131,132
ウェルシュ菌　26
うつ病　145
エージング　55

エクオール　128,129
エノコッカス・エニ　68
エメンタール　155
オーラーイェンセン　163
オリゴ糖　124

〔か行〕

海外の花粉症　137
加工食品　103
カスピ海ヨーグルト　58
カゼイン　41,45,46
カタラーゼ　23
加熱処理　103
株　14
カマンベール　158
ガラクトース　6,72
乾燥粉末乳酸菌　69
寒天培地　22
気候風土　172
機能性　168
機能性表示食品　52,114,152
キムチ　78,98
キモシン　46
生酛　74,75
キャベツ　97
牛乳　70
共生関係　86
菌株　87
クミス　3,7
グラム染色　23
グループ　13,16
グルコース　6,72
クレモリス菌　59
血圧降下作用　111,118
ゲノム　71
ケフィア　3
ケフィール　7
健康効果　12
碁石茶　79
抗菌作用　118
口腔内細菌　177

麹菌　74,75,77
更年期障害　128
酵母　62-64,74,77
コーカサス　4
ゴーダ　156
コーティング　104
国際規格　165
米糠　62-64

〔さ行〕

ザーサイ　96
サーモフィラス菌　58
サイレージ　91
雑菌汚染　61
ザワークラウト　78,97
サワーブレッド　89
酸性　101
酸素　181
酸素耐性　104
酸素濃度　18
酸素バリア　182
脂質代謝改善作用　112
歯周病　177,178
実感性　152
種　13,14
樹状細胞　126
消化酵素　139
醤油　90
植物由来の乳酸菌　96
食物繊維　114,115,124,140
女性ホルモン　128
女性向け乳酸菌　128
自律神経　123
浸透圧　100
スイス　174
スーパーマーケット　151
スギ花粉症　135
スターター　40,58,82,84,86
すんき漬け　78,101
生残性　105
整腸効果　12

整腸作用　12,88,110,119,124
先人たちの知恵　50
善玉菌　34
蠕動運動　116,122
ソース　90
属　13,14
速醸酛　74,75

〔た行〕

耐塩性　100
耐酸性　62-64
代謝　71
大豆イソフラボン　128
大腸炎予防作用　112
大腸菌　41
代表的乳酸菌　121
ダヒ　3
単一菌　167
胆汁酸　105,139,180
タンパク質　72
単離　22
チーズ　43,44,47,70,77,78,82-84,
　　　　87,154,159,173
チーズ年間消費量　160
チェダー　156
チャーニング　55
腸内環境　140
腸内細菌　129,135
腸内フローラ　25,27
チョコレート　103
通性嫌気性　18
漬物　78
デンマーク　160,161,173
糖　2
糖化　74
豆乳ヨーグルト　23,60
特定保健用食品（特保）　52,114,119,
　　　　152
ドライソーセージ　51

ドリンクヨーグルト（飲むヨーグルト）
　　40

〔な行〕

ナイシン　107,108
内臓脂肪　117
内臓脂肪抑制効果　119
ナタ・デ・ココ　99
なれずし　79
乳及び乳製品の成分規格等に関する
　　省令（乳等省令）　36,39,
　　43,55,93
乳酸菌　62-64
乳酸菌飲料　94
乳酸菌選び　151
乳酸菌の分泌物　117
乳酸発酵　75,168
乳製品乳酸菌飲料　93
乳糖　6,8,72
乳糖不耐症　8
糠漬け　62-64
糠床　62-64
脳機能　144
脳腸相関　33,144
ノーベル生理学・医学賞　5
飲むヨーグルト　36

〔は行〕

ハードタイプ　46
パイエル板　125,126,133
バイオジェニクス　38,168,169
バイオプリザベーション　106
排便　122
排便回数　116
排便習慣　123
バクテリオシン　106-108,118,124
パスツール　4,25,29-32,163
バター　173,175
発酵　2,93,100
発酵醸成　96

発酵食肉製品　52
発酵食品　21,50,94
発酵ソーセージ　51
発酵漬物　102
発酵豆乳　60
発酵乳　39
発酵バター　54
馬乳酒　89
パルミジャーノレジャーノ　155
火落ち　91
皮下脂肪　117
ピクルス　97
ビフィズス菌　8,19,20,86,114,115,
　　140,165
皮膚年齢　143
ファージ　83
風味評価　153
複合菌　165
腹部周囲　117
福山酢　90
ブドウ糖　9
プラーク　178
フランス　160
ブルーチーズ　157
ブルガリア菌　58,166
プレバイオティクス　113
不老長寿説　4,25,32,125
プロテアーゼ　73
プロバイオティクス　20,32,86,95,
　　113,138,143,166,168,169,
　　178
プロバイオティック乳酸菌　87
ヘテロ型　13
ペプチドグリカン　26
便秘改善効果　122
ホエイ　43
保健効果　151
ホモ型　13
ホモジナイザー　38

〔ま行〕

マクロファージ　126
マッコリ　89
マロラクティック発酵（MLF）　67
味噌　77
ミルク　111
無塩　101
虫歯菌　178
命名法　10
メイラード反応　37
メチニコフ　4,5,25,32,125,175
免疫機能　125,143
免疫作用　117
免疫調節機能　120
免疫調節作用　110
免疫賦活　88
免疫賦活作用　125
モツァレラ　154

〔や行〕

山卸し　75
遊牧民　7
油脂コーティング　181
ヨーグルト　6,7,9,11,15,17,39,58,
　　　　　70,77,78,83,136,137,159
ヨーロッパ　172

〔ら行〕

ラクトース　72
ラクトバチルス・プランタラム　67
リスター　163
レーウェンフック　29
レンネット　45,46

〔わ行〕

ワイン　66
ワイン酵母　66
ワインと乳酸菌　67

執 筆 者 略 歴 (五十音順)

荒川　健佑（あらかわ　けんすけ）
東北大学大学院農学研究科修了，博士（農学）
所属：岡山大学大学院環境生命科学研究科准教授
専門分野：乳卵科学，食品発酵加工学。乳酸菌とその代謝産物を用いた
　安全な食品保蔵技術の開発，未利用乳酸菌等を用いた新たな発酵食品
　の創製に取り組んでいる。
主な著書：乳酸菌とビフィズス菌のサイエンス（京都大学学術出版会，
　2010 年），乳肉卵の機能と利用（アイ・ケイコーポレーション，
　2018 年），Lactic Acid Bacteria : Methods and Protocols（Humana
　Press, 2019 年）

五十君　靜信（いぎみ　しずのぶ）
東京大学大学院博士課程修了（農学博士）
所属：東京農業大学教授

岩谷　駿（いわたに　しゅん）
九州大学大学院生物資源環境科学府博士後期課程修了，博士（農学）
所属：東京工業大学生命理工学院
専門分野：応用微生物学，分子微生物学
趣味：散歩，スポーツニュース，焼酎

小野　浩（おの　ひろし）
九州大学大学院生物資源環境科学府博士後期課程修了，博士（農学）
所属：東海漬物株式会社漬物機能研究所要素技術開発課課長
専門分野：発酵学，応用微生物学
主な著書：地域資源活用　食品加工総覧（農山漁村文化協会，2009 年）
趣味：サッカー観戦（J リーグ）

何　方（か　ほう）
筑波大学農学研究科博士課程修了，博士（農学）
所属：タカナシ乳業株式会社商品研究所所長
専門・研究テーマ：乳酸菌の機能性，人腸内細菌と健康に関する研究，
　発酵乳等乳製品の技術開発

加藤　祐司（かとう　ゆうじ）

北海道大学農学部畜産学科（乳製品教室）卒業

卒業と同時にデンマークに渡航，乳製品製造の徒弟制度に入る。3 年半実習＋半年間の乳業専門学校を修了，Danish Dairyman となる。さらに 9 か月の上級コース終了，日本人唯一の Danish Dairy Technician の資格取得。Borden 社等の勤務を経て，約 9 年半後に帰国。

テトラパック・ネスレ・雪印乳業・セティカンパニー等に勤務の後，乳酸菌メーカー Chr. Hansen 日本事務所（現クリスチャン・ハンセン・ジャパン）代表をとなる。現在イタリア・SACCO 社顧問。

2019 年，デンマークの乳業専門学校 KOLD College のアンバサダーに任命される。

川井　　泰（かわい　やすし）

東北大学大学院農学研究科

所属：日本大学 生物資源科学部ミルク科学研究室

専門分野：畜産物利用学，応用微生物学

主な著書：ヨーグルトの事典（朝倉書店，2016 年），乳肉卵の機能と
　　利用（アイ・ケイコーポレーション，2018 年）

趣味：読書（日本史），ヒンデローペン工芸（オランダ）の鑑賞

木下　英樹（きのした　ひでき）

東北大学大学院農学研究科博士課程修了，博士（農学）

所属：東海大学農学部バイオサイエンス学科

専門分野：応用微生物学，発酵食品学

主な著書：乳酸菌とビフィズス菌のサイエンス（京都大学学術出版会，
　　2010 年），ヨーグルトの事典（朝倉書店，2016 年），食と微生物の
　　事典（朝倉書店，2017 年）ほか

趣味：漫画

木元　広実（きもと　ひろみ）

東北大学大学院修士課程修了，博士（農学）

所属：国立研究開発法人農業・食品産業技術総合研究機構畜産研究部門
　　畜産物機能ユニット

専門分野：応用微生物学，食品発酵学

四半世紀にわたり乳酸菌の研究に携わる。特にプロバイオティクス関連の業績が多く，試験管レベルから動物試験，ヒト試験まで幅広く対応可能。

主な著書：食品機能性の科学（産業技術サービスセンター，2008 年)，
　　皮膚の測定・評価法バイブル（技術情報協会，2013 年）

佐藤　拓海（さとう　たくみ）
東京農業大学大学院農芸化学研究科博士後期課程
所属：東京農業大学生命科学部分子微生物学科
専門分野：嫌気性細菌，腸内細菌
趣味：お酒，登山，ランニング，筋トレ，自転車，バドミントンなど
　　　たくさんありますが，最近はバイクでツーリングです（愛車は BMW
　　　R1200C）。

篠田　直（しのだ　ただし）
東京工業大学生命理工学研究科バイオサイエンス専攻修了
所属：アサヒクオリティアンドイノベーションズ株式会社技術情報室
専門分野：微生物学としての乳酸菌，バイオインフォマティクス
趣味：電子工作（PC 自作から raspberryPi まで），自宅 LAN の SE，何
　　　故か Calligraphy を少々

高橋　俊成（たかはし　としなり）
立命館大学大学院理工学研究科博士前期課程修了，博士（理学）
所属：菊正宗酒造株式会社生産部部長
専門分野：醸造学，応用微生物学
主な著書：講談社ブルーバックス「日本酒の科学」監修
趣味：登山，ゴルフ

林　利哉（はやし　としや）
九州大学大学院博士後期課程満期退学
所属：名城大学農学部応用生物化学科
専門分野：畜産物利用学，食品機能学
主な著書：イラスト食べ物と健康（東京教学社，2008 年），ゲルの安定
　　　化と機能性付与・次世代への応用開発（技術情報協会，2013 年），乳
　　　肉卵の機能と利用（アイ・ケイコーポレーション，2018 年）など
趣味：魚釣り，格闘技観戦など

原田　岳（はらた　がく）
日本大学生物資源科学部生物資源利用科学専攻修士課程卒業，2011 年
　　　に論文博士（生物資源科学）を取得
所属：タカナシ乳業株式会社商品研究所
専門分野：疾病と腸内細菌との関わり，プロバイオティクスが健康に与
　　　える影響について

主な著書：乳酸菌とビフィズス菌のサイエンス（京都大学学術出版会，
　2010 年）
趣味：野球，スキューバダイビング，登山，苺栽培

古田　吉史（ふるた　よしふみ）
九州大学大学院生物資源環境科学府生物機能科学専攻博士課程修了
所属：精華女子短期大学生活科学科食物栄養専攻教授
　過去 17 年間，食品企業において，機能性食品などの研究開発，製造
　及び品質管理に従事
専門分野：発酵技術の構築とそれを応用した食品素材の開発，有用微生
　物の探索・育種など
趣味：釣り，映画鑑賞，ショッピングなど

本田　洋之（ほんだ　ひろゆき）
東北大学大学院農学研究科
所属：八戸工業大学工学部生命環境科学科講師
専門分野：ラクトース資化性酵素
趣味：湧き水めぐり，道の駅めぐり

松下　晃子（まつした　あきこ）
東京大学大学院農学生命科学研究科応用生命化学専攻修士課程修了
所属：アサヒグループホールディングス株式会社グループ R ＆ D 総務部
　技術情報室
乳酸菌の機能性研究に携わった後，乳酸菌の魅力や食・健康との関わり
を多くの方に伝えるべく，広報誌の制作やイベント講師など乳酸菌の広
報活動に従事。

宮下　美香（みやした　みか）
東京農業大学生物産業学部卒業後，（独）製品評価技術基盤機構（略称：
NITE）に入所。微生物の収集・保存・提供を行う部署（NBRC コレク
ション）で 15 年間 Firmicutes 門の細菌を担当しながら，発酵食品に生
息する乳酸菌を主なテーマとして収集・解析を行い，東京農業大学大学
院農学研究科後期博士課程を修了。現在は地域連携室に配属され，微生
物を活用した連携事業を推進している。

柳田　藤寿（やなぎだ　ふじとし）

　東京農業大学大学院博士課程農芸化学専攻修了

　所属：山梨大学生命環境学部ワイン科学研究センター教授

　専門分野：ワイン醸造学，発酵食品学

　趣味：スポーツ観戦　サッカー（ヴァンフォーレ甲府），大相撲（竜電関）

山本　直之（やまもと　なおゆき）

　東京工業大学総合理工学研究科修士課程修了，博士号(理学)

　所属：東京工業大学生命理工学院

　専門分野：プロバイオティクス，腸内細菌と腸管の機能

　主な著書：乳酸菌の保健機能と応用（シーエムシー出版，2013 年），
　　ヨーグルトの事典（朝倉書店，2016 年），おいしさの科学的評価・
　　測定法と応用展開（シーエムシー出版，2016 年），酵母菌・麹菌・
　　乳酸菌の産業応用展開（シーエムシー出版，2018 年）

　趣味：ジョギング，油絵

みんなが知りたいシリーズ⑭

乳酸菌の疑問 50

定価はカバーに表
示してあります。

2020 年 6 月 28 日　初版発行

編　者　　日本乳酸菌学会

発行者　　小川典子
印　刷　　三和印刷株式会社
製　本　　東京美術紙工協業組合

発行所　㍿成山堂書店

〒160-0012 東京都新宿区南元町 4 番 51 成山堂ビル

TEL：03（3357）5861　　FAX：03（3357）5867
URL　http://www.seizando.co.jp

落丁・乱丁本はお取り換えいたしますので，小社営業チーム宛にお送りください。

ISBN978-4-425-98371-1